U0113216

蟹 略 今注今译

盛文强·········译注

浙江人民美术出版社

目 录

前　言

　　《蟹略》可以看作是一部蟹的百科全书，又因掌故之奇、收罗之丰而引人注目。蟹文化的形成，《蟹略》居功至伟。该书作者高似孙（1158—1231），字续古，号疏寮，浙江鄞县（今属宁波）人，南宋孝宗淳熙十一年（1184）进士。曾为校书郎、著作佐郎，也做过会稽、徽州、处州等地的地方官，罢官后隐居嵊县。著有《剡录》《子略》《骚略》《纬略》《蟹略》等。

　　高似孙博闻强记，又工于诗文，著述甚丰，然其用典用字冷僻，甚至有难解者，亦为人所诟病。"靖康之乱"后，南宋倚仗长江天险，偏安东南半壁，近乎江南泽国，又濒东海，丰足的蟹类进入贵族的肴馔，蟹之膏腴肥美，亦深受文人的喜爱。高似孙的故乡在宁波，其足迹遍及江南，正是活跃在蟹乡，这也使他跻身为蟹的知音。

　　在高似孙的《蟹略》之前，北宋时会稽人傅肱撰有《蟹谱》，高似孙嫌其条目简略，于是着手重新作一部，捃摭经史子集中的吉光片羽，兼取俚鄙之言、渔翁之语。其书分类极细，卷一曰蟹原、蟹象，卷二曰蟹乡、蟹具、蟹品、蟹占，卷三曰蟹贡、蟹馔、蟹牒，卷四曰蟹雅、蟹志赋咏，大类下又有小类，如"蟹象"提及蟹的甲、膏、脐、鳌、爪、目、沫等，"蟹品"提及洛蟹、吴蟹、越蟹、楚蟹等，"蟹馔"

1

提及酒蟹、盐蟹、蟹羹等。每细类下收录古今典籍的有关记载，且重视诗的作用，引入了大量蟹诗，譬如张耒的诗"匡实黄金重，螯肥白玉香"，金黄的蟹膏，雪白的螯肉，堂皇富丽。这其中也包括高似孙本人的蟹诗，皆清隽可喜。其《松江蟹舍赋》也颇见功力。

作为一部蟹的百科全书，《蟹略》包罗万有，文本的含义是多重的，可看作是一部小型的类书，也可看作是专史，或者笔记小说，甚至可看作是人类学意义上的民族志。历史典故，风俗习惯，地方经验，饮食文化，人物故事，都围绕着蟹而生发，也都经由小小的蟹连缀在一起。正因如此，蟹成为一种文化，并且绵延不绝。在吴越故地，至今仍可见到《蟹略》中提到的醉蟹、蟹羹、蟹包等，可见地域文化的连续性。而当时间穿回八百多年前，也即高似孙生活的时代——那是名物密集的时代，生活节奏的缓慢，沉淀为繁缛，蟹的烹饪之细，蟹的味道之醇，所用器物之精，更兼吟咏之风雅，令人心驰神往。

本书按《四库全书》中所录《蟹略》为底本，此本抄录时出现问题较多，参照陶宗仪《说郛》本酌改，所引典籍舛讹脱漏之处，则参考所引之书校改，类似的情况皆在注释中一一做了说明。书中所提到的人名，依照人物出现次序，在注释中做了简要介绍。已经标注过的人物，后文再次出现时便不做注释，字词的注释也遵循此例。所提及的书名，因多为传世经典，则略去注释，只将个别书名的别称做了标注。

另外，还有大量的诗，诗原本不可译，但为了考虑普及，便按字面意思译出，尽量保留原韵。

《蟹略》的全译，当属首度，因限于识见，敬希方家赐教。

盛文强

2020 年 5 月 15 日于枕鱼斋

佚名　晚荷郭索图

蟹略卷一

郭索 [1] 传

《太玄经·锐》之初一曰："蟹之郭索，后蚓黄泉。测 [2] 曰：'蟹之郭索，心不一也。'"范明叔 [3] 曰："郭索，多足貌。"司马温公 [4] 曰："《荀子》曰：'蚓无爪牙之利、筋骨之强，上食埃土，下饮黄泉，用心一也。蟹六跪而二螯，非蛇蟺之穴无所寄托者，用心躁也。'"刘贡父 [5] 蟹诗："后蚓智不足。"杜诗 [6]："草泥行郭索，云木叫钩辀 [7]。"陆龟蒙 [8] 诗："自是扬雄知郭索，且非何胤 [9] 敢伥惶 [10]。"黄太史 [11] 诗："朝泥看郭索，暮鼎调酸辛。"又诗："草泥本自行郭索，玉人为开桃李颜。"毛友 [12] 诗："沙头郭索众横行，岂料身归五鼎烹。"陆放翁 [13] 诗："未尝鲙噮嗋 [14]，况敢烹郭索。"曾裘父 [15] 诗："好事不知谁尔汝，还能郭索到樽前。"疏寮 [16] 诗："砚湿春锄雨，垆腥郭索泥。"

郭索，字介夫，皮日休 [17]《龙潭》诗："左右拥介臣，纵横守鳞卒。"臣字太奇，故曰介夫。李方叔 [18] 作《赵德麟德隅堂画品》，其一武洞清 [19] 所画《三界朝元图》，下有水神，腰间插一蟹足，以文其滑稽。因书于此，观者必一笑。系生于吴越江淮间，孳种尤盛，而在松陵 [20] 苕霅 [21] 间者，隽秀特杰，有声名。盖孕气储精，

上应辰次 [22]，而羲翁 [23] 之画义。至汉扬雄氏草《太玄经》，独推称之。性耿介不受扰触，外甚刚果，若奋矛甲，中实柔脆，殊无他肠。人皆爱之，称其为"无肠公子"。岁至西风高爽，霜深月峭，嘉谷登实之秋，更甚得志。至采双穗以朝其魁 [24]，是为智且义者；至若风味开爽，如老于骚者，而世欲乐而食之，不亦愚且昧乎！惟毕茂世 [25] 与之狎 [26]，最为相知者。陆龟蒙、黄太史更能知其可嘉，相与击节于酒杯笔砚中，其他骚人墨客，固多推尚，未有二三公之心相知者。他支不一，曰蝤 [27]、曰蟳 [28]，往往过美，如乐于甘佚而略不通骚者。又有蜛蝫 [29] 辈，皆六六之陋 [30]，几草茅窭人 [31]，不足道矣。惟介夫有棱韵、有风豪，庶几于直而温、宽而栗 [32]，亦一代之雄，天下之奇乎。赞曰：

毕茂世有云："左手持蟹螯，右手持酒杯，拍浮酒池中，岂不了一生乎！"《晋春秋》曰："毕卓，字茂世。"云云。郭子 [33] 曰："一手持蟹螯，一手持酒杯，拍浮酒池中，可了一生哉！"

【今注】

[1] 郭索：蟹的别称，一说多足爬行之貌，一说蟹爬行之声。以"郭索传"为题，是将蟹拟人化，并为之做传记，颇有奇趣。

[2] 测：《太玄经》的测辞。

[3] 范明叔：范望（生卒年不详），字明叔，晋代经学家，曾为《太玄》做注。

[4] 司马温公：即司马光（1019—1086），字君实，号迂叟，
陕州夏县（今山西夏县）人，世称涑水先生，北宋政治家、
史学家、文学家。历仕仁宗、英宗、神宗、哲宗四朝，卒
赠太师、温国公，谥文正。

[5] 刘贡父：即刘敞（1023—1089），字贡父，号公非。
临江新喻（今江西新余）人，北宋史学家。官至中书舍人。

[6] 杜诗：此处不确，这两句并非杜甫诗，而是林逋诗。

[7] 钩辀（gōu zhōu）：象声词，鹧鸪的鸣叫声。

[8] 陆龟蒙（？—881）：字鲁望，号天随子、江湖散人、
甫里先生，长洲（今江苏苏州）人，晚唐诗人。曾任湖州、
苏州刺史幕僚，后隐居松江甫里（今甪直镇），有《甫里
先生文集》《耒耜经》等。

[9] 何胤（446—531）：字子季，庐江灊（今安徽潜山）人，
南齐时任秘书郎、太子舍人、建安太守等职，注《周易》《毛
诗总集》《礼记隐义》等。

[10] 伥馄（zhāng huáng）：干的饴糖。此处用伥馄代指
糖蟹，沈括《梦溪笔谈》载："何胤嗜糖蟹。"

[11] 黄太史：即黄庭坚（1045—1105），字鲁直，号山
谷道人，晚号涪翁，洪州分宁（今江西修水）人，北宋文
学家、书法家，曾为太史官，故又称黄太史。

[12] 毛友（1084—1165）：原名友龙，字达可。北宋诗人。

[13] 陆放翁：陆游（1125—1210），字务观，号放翁，

越州山阴（今浙江绍兴）人，尚书右丞陆佃之孙，南宋诗人。有《剑南诗稿》《渭南文集》《老学庵笔记》《南唐书》等。

[14] 喁喣（yóng yǎn）：鱼在水面张口翕动呼吸的样子。

[15] 曾裘父：曾季狸（生卒年不详），字裘父，号艇斋，临川（今属江西）人，系曾巩四弟曾宰的曾孙。举进士不第，终身不仕，今存《艇斋诗话》一卷。

[16] 疏寮：高似孙（1158—1231）。

[17] 皮日休（约838—883）：字袭美，复州竟陵（今湖北天门）人。曾居住在鹿门山，道号鹿门子。皮日休是晚唐诗人，与陆龟蒙齐名，世称"皮陆"，《新唐书·艺文志》录有《皮日休集》《皮子》等多部著作。

[18] 李方叔：李廌（1059—1109），字方叔，号德隅斋，又号齐南先生，华州（今陕西华县）人。少以文为苏轼所知，誉之有"万人敌"之才。中年应举落第，绝意仕进，直至去世，有《济南集》二十卷。

[19] 武洞清（生卒年不详）：宋潭州长沙（今属湖南）人。工画人物，有杂功德、十一曜、二十八宿、十二异人等像传于世，其名见于《宣和画谱》《海岳画史》等。

[20] 松陵：今苏州吴江区。

[21] 苕霅（tiáo zhà）：苕溪、霅溪二水的并称。在今浙江湖州境内。

[22] 辰次：古代天文名词，古人将周天分为十二部分，谓

之十二辰，将黄道也分成十二部分，谓之十二次，便于度量星辰的运行，合称辰次。

[23] 羲翁：即伏羲。

[24] 采双穗以朝其魁：俗云蟹腹内有稻芒，蟹会把这稻芒献给海神。见段成式《酉阳杂俎·鳞介篇》："蟹，八月腹中有芒，芒真稻芒也，长寸许，向东输与海神，未输不可食。"

[25] 毕茂世：即毕卓（生卒年不详），字茂世，新蔡铜阳（今安徽铜城）人。东晋时期官员，曾为吏部郎，喜食蟹，常因饮酒废弃公事。

[26] 狎：亲昵。

[27] 蚌：即蟳蚌，青蟹的古称，属于梭子蟹科。

[28] 蟳：指的是锯缘青蟹，头胸甲卵圆形，背面隆起而光滑，体色青绿，多栖息于浅海及潮间带。

[29] 蜞蟛：蟛蜞之类的小蟹。

[30] 六六么陋：寻常而又鄙陋。

[31] 窭（jù）人：浅薄鄙陋之人。

[32] 直而温，宽而栗：句出《尚书》，意思是为人正直温和，宽厚而谨慎。

[33] 郭子：即郭澄之（生卒年不详），字仲静，太原阳曲（今山西太原）人，东晋文学家，有志人小说《郭子》。

【今译】

《太玄经·锐》初一篇说："螃蟹窸窣爬行，不如蚯蚓能抵达黄泉。测辞说：'蟹的浮躁，是因为用心不专一。'"范明叔说："郭索，是有很多脚的样子。"司马光说："《荀子》称，蚯蚓没有锐利的爪子和牙齿，强健的筋骨，却能向上吃到泥土，向下喝到泉水，这是由于它用心专一。螃蟹有六条腿，两个蟹钳，如果没有蛇和蚯蚓的洞穴就无法安身，是因为用心浮躁。"刘贡父的蟹诗："落后于蚯蚓。智慧不足。"杜甫（应为林逋）诗写道："螃蟹从水草泥泞中爬过，鹧鸪的叫声从高高的林木中传出。"陆龟蒙的诗："从扬雄开始，我们知道了蟹的爬行之态，如若不是何胤我们哪敢吃糖蟹。"黄庭坚的诗："清晨在泥里看到蟹爬行，傍晚就将其放在鼎里调和酸辛。"还有一首诗："黄泥上原本有蟹兀自爬行，美人为它绽开了桃李容颜。"毛友的诗："沙滩上那众多横行的螃蟹，岂能料到自己会被放到鼎中烹煮。"陆游的诗："没尝到水面呼吸的鲶鱼，又怎敢烹爬行的蟹。"曾季狸的诗："不知道谁像你一样喜欢多事，还能爬行到酒樽前。"疏寮的诗："春锄时节的雨水打湿了砚台，螃蟹身上的泥土染腥了酒垆。"

郭索，字介夫，皮日休的《龙潭》诗："身披甲壳的臣僚簇拥左右，满身鳞片的水卒纵横交错。"臣字太奇崛，所以叫介夫。李方叔作了《赵德麟德隅堂画品》，其中有一幅武洞清画的《三界朝元图》，图的下方有一个水神，腰里插着一只蟹腿，用来描绘他的滑稽。于是写在这里，看到的人必然为之一笑。生长繁衍在吴越江淮之间的蟹，种族尤为兴盛，而生长在吴江和湖州的蟹，秀美卓绝，享有声誉。因为蕴含灵气，储蓄精华，上应星辰时序，下应伏羲画中的含义。到汉代扬雄撰写《太玄经》，特为推奖称许。其性情耿直狷介，不受干扰和冒犯，外表极为刚毅果决，犹如奋举长矛和甲胄，内在实则柔软脆弱，全然没有肚肠。人们都喜欢它，称它为"无肠公子"。到了西风高峻清爽、霜痕深重、月色料峭、五谷丰登的秋日，更是得遂它的志愿。至于采撷双穗稻谷朝觐海神，是睿智而又有节义；至于风味豁达爽朗，像是熟于诗文的人，而世人却想要以吃蟹为乐，不也是愚蠢而又糊涂吗！只有毕茂世与它亲近，是最了解它的人。陆龟蒙、黄庭坚更知道它值得嘉许，相互在酒杯和笔砚间击节叹赏。其他骚人墨客，固然多有推崇，却没有这几个人的真心相知。蟹的其他支系不一，有的叫做蚌，有的叫做蛑，往往过于美味，如同沉湎于甘醇淫逸而全然不通诗文的人。还有蜣蝟之类，都是寻常而又微小、接近于鄙陋浅薄的人，不值一提。唯独介夫有棱角韵致、有风流豪气，近于正直而温和、宽厚而严肃，也是一代英雄，天下奇士。赞语说：

毕茂世说："左手拿着蟹螯，右手拿着酒杯，在酒池中游泳，难道不可以了却一生吗！"《晋春秋》记载："毕卓，字茂世。"等等。郭子说："一手拿着蟹螯，一手拿着酒杯，在酒池中游泳，可以终了一生啊！"

7

蟹原

《易·说卦》曰："离为蟹。"孔颖达[1]疏曰："取其刚在外。"

《礼记·月令》曰："季冬[2]行秋令，介虫[3]为妖。"注曰："《后汉·五行志》：'丑为鳖蟹。'[4]"

《月令章句》曰："介者，甲也，蟹之属。"

《大戴礼》曰："甲虫三百六十，神龟为之长，蟹亦虫之一。"

《广雅》曰："蟹，蚎音尼也，其雄曰蜋蚁，其雌曰博带。《玉篇》作蜋。"

【今注】

[1] 孔颖达（574—648）：字冲远，冀州衡水（今属河北）人，唐初十八学士之一，唐朝经学家，孔子的第三十一世孙。曾奉唐太宗命编纂《五经正义》，该书是集魏晋南北朝至唐经学之大成的著作。

[2] 季冬：农历十二月。

[3] 介虫：即甲虫，古代的"五虫"之一，所谓"北方鳞虫，龙为长，鱼类属；南方羽虫，凤凰为长，众鸟属；中央裸虫，人为长，无属；东方毛虫，虎为长，狼熊属；西方介虫，

聂璜　海错图之拨棹

龟为长，鳖蚌属"。

[4] 丑为鳖蟹：《五经正义》认为"丑在北方水位，故兼主水土"，而鳖为土之精，蟹为水之精，故曰"丑为鳖蟹"。

【今译】

　　《易·说卦》称："离卦即是蟹。"孔颖达注疏说："这是取其刚硬在外的意思。"

《礼记·月令》说："季冬时节施行秋季的政令，甲虫就会形成灾害。"注解说："《后汉书·五行志》：'地支中的丑对应鳖和蟹。'"

《月令章句》说："介，即甲壳，螃蟹之类。"

《大戴礼记》说："甲虫有三百六十种，神龟作为头领，蟹也是虫类的一种。"《广雅》说："蟹，即是蚏音尼，雄性的叫蜋蚁，雌性的叫博带。《玉篇》中称作蜋。"

蟹象 [1] 陈藏器 [2] 《本草》 [3] ："伊洛 [4] 中蟹形状不同。"孟诜 [5] 曰："形状虽恶，食甚宜人。"皮日休蟹诗："形容好个似蟛蜞。"黄太史蟹诗："形模虽入妇女笑。"今表之曰蟹象。

【今注】

[1] 蟹象：蟹的形貌。

[2] 陈藏器（约 687—757）：四明（今浙江宁波）人，唐代中药学家。陈藏器认为《神农本草经》遗逸尚多，因汇集前人遗漏的药物，编撰《本草拾遗》十卷，今佚。

[3] 《本草》：即陈藏器所撰《本草拾遗》。

[4] 伊洛：指伊水和洛水，皆在洛阳境内。

[5] 孟诜（621—713）：汝州梁县（今河南汝州）人，唐代学者、医学家、食疗学家，其《食疗本草》是世界上现存最早的食疗专著，与现代营养学观念接近，孟诜也被誉

为世界食疗学的鼻祖。

【今译】

陈藏器的《本草》载:"伊水和洛水中的蟹,形体模样不一样。"孟诜说:"(蟹)的样子虽然凶恶,但吃了很养人。"皮日休的蟹诗:"好一个像蝤蛑一样的形状外貌。"黄庭坚的蟹诗:"虽然形状和模样会引得妇女发笑。"如今记为蟹象。

匡箱 [1]

《礼记》曰:"蚕则绩而蟹有匡。"任昉 [2]《述异记》曰:"腾屿之南,溪淡水清,有蟹焉,匡大如笠。"皮日休蟹诗:"绀 [3] 甲青匡染苔衣,岛夷 [4] 初寄北人时。"钱起 [5] 诗:"漫把樽中物,无人啄蟹匡。"张文潜 [6] 诗:"匡实黄金重,螯肥白玉香。"齐唐 [7] 诗:"岁贵波熬素,时珍蟹有箱。"箱即匡也。

【今注】

[1] 匡箱:蟹的背甲。

[2] 任昉:此处不确,任昉与祖冲之都作过《述异记》,此处所说应为祖冲之《述异记》。祖冲之(429—500),字文远,南北朝时期杰出的数学家、天文学家,首次将"圆周率"精算到小数点后第七位,其主要著作有《述异记》《安边论》《缀术》等。

[3] 绀(gàn):稍微带红的黑色。

聂璜　海错图之石蟳

[4] 岛夷：濒海地区的人。

[5] 钱起（722—780）：字仲文，吴兴（今浙江湖州）人，唐代诗人，曾为翰林学士，是"大历十才子"之一。

[6] 张文潜：张耒（1054—1114），字文潜，号柯山，楚州淮阴（今属江苏）人。北宋诗人，苏门四学士之一，有《柯

山集》《宛邱集》。

[7] 齐唐（987—1074）：越州会稽（今浙江绍兴）人，字祖之，北宋诗人。有《学苑精英》《少微集》。

【今译】

《礼记》说："蚕有纺绩而蟹有背壳。"任昉《述异记》说："腾屿的南面，溪水浅淡清澈，有螃蟹，壳像斗笠一样大。"皮日休的蟹诗："黑甲青壳上还沾染着青苔，是刚被海滨的人寄到北方之时的样子。"钱起的诗："随意把持着杯中之物，没有人吸食蟹壳。"张耒的诗："背壳像黄金般充实贵重，蟹螯如白玉般肥嫩清香。"齐唐的诗："一年中贵重的是海水煮的盐，一季中珍贵的是有箱的螃蟹。"箱就是壳。

甲壳斗

甲，匡也。宋元宪[1]诗："露夕梨津饱，霜天蟹甲肥。"宋景文[2]蟹诗："楚人欲使衷留甲，齐客何妨死愿烹。"[3]章甫[4]诗："壳重贮黄金，螯肥擘香玉。"疏寮诗："鱼带淞江月盈缶，隽处依稀开蟹斗。"

【今注】

[1] 宋元宪：宋庠（996—1066），北宋诗人，祖籍安陆（今属湖北），后迁开封府雍丘（今河南商丘杞县）。北宋时官至兵部侍郎、同平章事，谥元宪。宋庠与弟宋祁并有文名，

时称"二宋"。有《宋元宪集》。

[2] 宋景文：宋祁（998—1061），宋庠之弟，工于诗词，因《玉楼春》词中有"红杏枝头春意闹"之句，人称"红杏尚书"。历官龙图阁学士、史馆修撰、知制诰，谥景文。曾与欧阳修等合修《新唐书》。

[3] 楚人欲使衷留甲，齐客何妨死愿烹：衷留甲，在衣服里面穿铠甲，借以指蟹。齐客句指郦食其赴齐游说齐王，后事败被烹杀，此处借指烹蟹。

[4] 章甫（生卒年不详）：字冠之，饶州鄱阳（今江西鄱阳）人，南宋诗人。早年曾应科举，后以诗游士大夫间，与韩元吉、陆游、吕祖谦等唱和。

【今译】

　　甲，即匣。宋庠的诗："有露水的夜晚梨汁饱满；霜降时节，蟹的甲壳肥硕。"宋祁的蟹诗："楚人故意在衣服里面穿铠甲，齐客怎怕被烹杀而死。"章甫的诗："蟹壳沉重，贮满了金子般的蟹黄；蟹螯肥嫩，破开是白玉似的蟹肉。"疏寮的诗："鱼儿带着淞江的月色充盈瓦缶，隽永之处好像打开了蟹斗一般。"

膏 [1]

　　《岭表录异》曰："蟹壳内有黄赤膏。"皮日休诗："蟹因霜重金膏溢，橘为风多玉脑圆。"梅圣俞 [2] 诗："满腹红膏

朱屺瞻　盘蟹图

肥似髓，贮盘青壳大于杯。"陶商翁 [3] 诗："黄柑鲈鲙金膏蟹，使我秋风未拂衣。"又诗："紫蟹膏应满，丹枫叶未凋。"

【今注】

[1] 膏：蟹黄。

[2] 梅圣俞：梅尧臣（1002—1060），字圣俞，世称宛陵先生，宣州宣城（今安徽宣城）人，北宋诗人。梅尧臣少即能诗，与欧阳修并称"欧梅"。曾参与编撰《新唐书》，另有《宛陵先生集》及《毛诗小传》等。

[3] 陶商翁：陶弼（1015—1078），北宋诗人，字商翁，永州（今湖南祁阳）人，倜傥知兵，能为诗，今存《邕州小集》一卷。

【今译】

　　《岭表录异》中说："蟹壳里面有黄红相间的膏脂。"皮日休的诗："蟹因霜色浓重而金膏满溢，橘因多风吹打而像玛瑙一样浑圆。"梅尧臣的诗："满肚子红膏肥得像骨髓，放在盘子里的青壳大过酒杯。"陶弼的诗："黄柑、鲈鲙和充满金膏的蟹，都使秋风未能拂动我的衣裳（指未归隐湖山）。"还有一首诗："紫蟹的膏脂应已盈满，丹枫的叶子尚未凋零。"

脐

　　《广韵》曰："厣 [1]，蟹腹下。"厣即脐也。黄太史诗："三

岁在河外，霜脐常食新。"又诗："想见霜脐当大嚼，梦回雪
厣摩围山 [2]。"王初寮 [3] 糟蟹诗："烹不能鸣渠幸生，含糊
终作醉乡行。裂脐已腐人谁照，折股犹腥犬谩争。"李商
老 [4] 诗："霜脐贵抱黄，雀醢夸挟纩 [5]。"韩子苍 [6] 诗："先
生便腹惟思睡，不用殷勤设小团 [7]。"谢幼盘 [8] 诗："分付
厨人苦见嫌，十脐原有九脐尖。"胡澹翁 [9] 诗："如今竹阁
多清兴，紫蟹尖团不数虾。"陆放翁诗："传方那解烹羊脚，
破戒犹惭擘蟹脐。"章甫诗："呼儿破团脐，进此杯中绿。"
疏寮诗："僧釜菘 [10] 分甲，渔篝 [11] 蟹斗脐。"

【今注】

[1] 厣（yǎn）：蟹腹下面的薄壳，俗称蟹脐。

[2] 梦回雪厣摩围山：四库本作"梦回雪厣摩山围"，据《山
谷诗集》改。摩围山，在今四川彭水县西。

[3] 王初寮：王安中（1075—1134），字履道，号初寮，
中山曲阳（今河北曲阳）人，北宋诗人，有《初寮集》。

[4] 李商老：李彭（生卒年不详），字商老，北宋诗人，
曾与苏轼、张耒等唱和，生平事迹不详。

[5] 雀醢（hǎi）夸挟纩（kuàng）：醢，肉酱。挟纩，披
着棉衣。此句指雀肉酱表面凝结的薄皮。

[6] 韩子苍：韩驹（1080—1135），字子苍，号牟阳，陵阳
仙井（今四川仁寿）人。少时以诗为苏轼所赏，有《陵阳集》
四卷。

[7] 小团：雌蟹脐圆，故称小团。

[8] 谢幼盘：即谢薖（1074—1116），字幼盘，北宋诗人，抚州临川（今属江西抚州）人，现存《竹友集》。

[9] 胡澹翁：宋代诗人，生平不详。

[10] 菘（sōng）：白菜。

[11] 篝：一种竹编的渔具，可用来捕蟹。

【今译】

　　《广韵》中说："厣，在蟹的腹下。"厣就是肚脐。黄庭坚的诗："三年在河外，经常吃新鲜的霜蟹。"另有一首诗："常怀念经霜的蟹可大嚼而食，梦中回到摩围山品尝雪蟹。"王安中的糟蟹诗："烹煮时不会鸣叫岂能侥幸偷生，恍惚中终于奔往醉乡一行。裂开的蟹脐已经腐臭谁人知晓？折下的大腿还有腥气，狗儿不要来争。"李彭的诗："经霜蟹脐的珍贵之处在于其蟹黄，雀肉酱值得夸耀的是表面裹挟薄皮。"韩驹的诗："先生大腹便便只想睡觉，不用殷勤地准备小团蟹。"谢薖的诗："把蟹交给下厨的人却苦于遭嫌，原来十个蟹脐当中有九个是尖脐。"胡澹翁的诗："如今的竹阁里多有清幽的雅兴，紫蟹有尖脐的、团脐的，还有无数的虾。"陆游的诗："流传的秘方哪懂得烹羊脚，破戒时最惭愧的是掰开蟹脐。"章甫的诗："呼唤儿辈破开蟹的团脐，喝完这杯中的美酒。"疏寮的诗："僧人锅里的白菜分解成一片片像甲衣一样的菜叶，渔篝里的蟹在比斗蟹脐。"

二螯

《大戴礼》曰："二螯八足。"《孝经援神契》[1]曰："蟹二螯，两端傍行。"注曰："螯犹兵也，小虫而倾两端自卫，故使傍行。"《玉篇》曰："蟹二螯八足。"《荀子》曰："蟹六跪二螯。"注曰："跪，足也，蟹皆八足。"许慎[2]《说文》曰："蟹六足二螯者也。"《本草图经》曰："六足者名蜡[3]，四足者名蚔[4]。"吴筠[5]诗："所以倾家酿，为君一解螯。"许浑[6]诗："蟹螯只恐相如渴，鲈鲙应防曼倩饥。"东坡[7]诗："对饮待双螯，酒酣箕踞坐。"陈纯益[8]诗："谩忆莼千里，先尝蟹二螯。"王元之[9]诗："搘床[10]难死惭龟壳，把酒狂歌忆蟹螯。"毛友诗："长安酒苦贵，蟹初臂着霜。"用臂字良奇，外无人用也。李商老诗："不知底事真奇语，且向樽前嚼二螯。"陆放翁诗："染丹梨半颊，斫雪蟹双螯。"又诗："两螯何罪蟹丧躯，一脔可怜牛断[11]领。"疏寮诗："有桂丛生须让菊，为鲈归去[12]也输螯。"

【今注】

[1]《孝经援神契》：汉代人依据《孝经》而作的纬书。

[2] 许慎（约58—147）：字叔重，汝南召陵（今河南漯河召陵区）人，东汉时的经学家、文字学家，历近三十年时间编撰了《说文解字》，使汉字的形、音、义趋于规范和统一。

[3] 蜡（guǐ）：四库本作"跪"，今据《本草纲目》改。

[4] 蚆（běi）：四库本作"蚆"，今据《本草纲目》改。

[5] 吴筠（？—778年）：字贞节，华州华阴（今陕西华县）人，少举儒子业，进士落第后隐居，出家为道士，与当时文士李白等交往甚密。

[6] 许浑（约791—858）：字用晦，润州丹阳（今江苏丹阳）人，晚唐诗人，一生专攻律体，题材以怀古、田园诗为佳。成年后移家京口（今江苏镇江）丁卯涧，以丁卯名其诗集，后人因称"许丁卯"。

[7] 东坡：即苏轼（1037—1101），字子瞻，号东坡居士，眉州眉山（今属四川眉山）人。苏轼是宋代文学最高成就的代表，在诗、词、散文、书、画等方面都取得了很高的成就。有《东坡七集》《东坡易传》《东坡乐府》等传世。

[8] 陈纯益：即陈祐（生卒年不详），字纯益，仙井（今四川仁寿）人，北宋诗人。其事见《宋史》。

[9] 王元之：即王禹偁（954—1001），字元之，济州钜野（今属山东嘉祥）人，北宋诗文革新运动的先驱，著有《小畜集》《五代史阙文》。

[10] 搘（zhī）床：搘，通"支"。《史记·龟策列传》："南方老人用龟支床足，行二十余岁，老人死，移床，龟尚生不死。"

[11] 断：四库本作"丧"，误录，今据《陆游集》改。

[12] 为鲈归去：晋代的张翰因想念故乡的鲈鱼而辞官归去。

【今译】

《大戴礼记》说："（蟹）两只螯八只脚。"《孝经援神契》说："蟹有两只螯，向两边侧着走。"注释称："螯像兵器，小虫举起两端自卫，故而使其侧着行走。"《玉篇》说："蟹两只螯，共八只脚。"《荀子》说："蟹有六只脚两只螯。"注释说："跪，即脚，蟹都是八只脚。"许慎《说文解字》说："蟹六只脚两只螯。"《本草图经》说："六只脚的叫做蜅，四只脚的叫做蜞。"吴筠的诗："之所以倾尽家中美酒，是要为你拆解蟹螯。"许浑的诗："只怕司马相如年老患上消渴疾，吃不得蟹螯，他应防着东方朔因饥饿而偷食美味的鲈鲙。"苏轼的诗："对饮时等待双螯，酒酣时箕踞而坐。"陈祐的诗："莫要回忆千里之外的莼菜，且先尝尝蟹的两螯。"王禹偁的诗："支着床腿的龟不死便觉愧对龟壳，把持酒杯纵情歌唱时想起蟹螯。"毛友的诗："长安的酒苦于价贵，蟹的臂膀上开始落霜。"用臂字确实出奇，此外没有人用过。李彭的诗："不知道世间何事令人啧啧称奇，暂且向酒樽前咀嚼两只蟹螯。"陆游的诗："梨的半边脸颊染上红晕，斫开蟹的双螯内有雪肉。"还有一首诗："两只蟹螯有什么罪孽使蟹失去了身躯，为食用一块可口的方肉，可怜牛断了脖颈。"疏寮的诗："丛生的桂花还须让位给菊，使人归乡的鲈鱼的美味也输于蟹螯。"

三眼蟹　十九世纪外销画

爪

《本草经》曰："蟹爪破堕胎。"

【今译】

《本草经》说："蟹爪主治破胞堕胎。"

目

《博物志》曰:"蟹目相向者,毒尤甚。又有赤目者,有独目者,皆不可食。"黄太史诗:"怒目横行与虎争,寒沙奔火[1]祸胎成。"

【今注】

[1] 奔火:指的是蟹的趋光性,渔人点燃火把来诱捕。

【今译】

《博物志》记载:"两只眼睛相对的蟹,毒性尤其厉害。还有红眼睛的,一只眼睛的,都不能吃。"黄庭坚的诗:"怒目横行和老虎相争,在寒沙里奔向火光筑成祸端。"

无肠

《抱朴子》曰:"山中无肠公子者,蟹也。"一本作"无腹"。《混俗颐生》论鱼无气,蟹无腹,禀气不足,不可多食。顾况[1]曰:"螟蛉之子,虾目蟹腹,即即周周,两不相掩,此之谓体异而气同。"梅圣俞诗:"定知有口能嘘沫,休说无肠便畏雷。"曾文清[2]诗:"旧交髯簿[3]久相忘,公子[4]相从独味长。醉死糟丘终不悔,看来端的是无肠。"章甫诗:"公子虽无肠,心躁行亦迟。"

【今注】

[1] 顾况(生卒年不详):字逋翁,号华阳真逸,苏州海盐(今浙江海盐)人,唐代诗人,晚年隐居茅山。工于诗,继承

杜甫的现实主义传统，是新乐府诗歌运动的先驱。著有《华阳集》二十卷。

[2] 曾文清：即曾几（1084—1166），字吉甫，自号茶山居士，谥号文清。赣州（今江西赣县）人，南宋诗人，有《茶山集》。

[3] 髯簿：是"髯参军，短主簿"的缩略语。《世说新语》："王珣、郗超并有奇才，为大司马所眷拔，珣为主簿，超为记室参军。超为人多须，珣状短小，于时荆州为之语曰：髯参军，短主簿，能令公喜，能令公怒。"王珣、郗超为桓温赏识眷拔的下僚，后因以"髯簿"指称旧交相识。

[4] 公子：无肠公子的略语，指的是蟹。

【今译】

　　《抱朴子》说："山中的无肠公子，即是蟹。"有一种版本写作"无腹"。《混俗颐生》论及鱼没有气，蟹没有腹，禀赋气性不足，不能多吃。顾况说："蜈蛉的孩子，虾的眼，蟹的肚，唧唧喁喁地叫着，两下里不能互相遮藏，这就叫做形体有异而气性相同。"梅尧臣的诗："定然知道有口能吹出泡沫，不要说没有肠子就畏惧天雷。"曾几的诗："旧交故知忘记已久，无肠公子相随，滋味独长。醉死在酒糟山丘终究不悔，看来的确是没有心肠。"章甫的诗："公子原本没有心肠，心思浮躁，行走也迟缓。"

心躁

《大戴礼》曰："蟹二螯八足，非蛇蟺[1]之穴无所寄托者，用心躁也。"《荀子》同。陆龟蒙赋曰："中躁外挠兮，熠炮[2]之蟹。"陈简斋[3]诗："但见横行疑是躁，不知公子实无肠。"吕居仁[4]诗："竹间新笋大如椽，树头黄耳肥于肉。亦不见蟹躁扰，亦不见牛觳觫[5]。"此亦是蟹箴[6]。

【今注】

[1] 蛇蟺：蛇和蚯蚓。四库本缺"蛇"字，据《荀子》补。

[2] 熠（jiān）炮：用余烬烧烤。

[3] 陈简斋：即陈与义（1090—1139），字去非，号简斋，洛阳（今河南洛阳）人。两宋之交的诗人，著有《简斋集》。

[4] 吕居仁：即吕本中（1084—1145），字居仁，寿州（今安徽寿县）人，仁宗朝宰相吕夷简玄孙，南宋诗人。著有《东莱先生诗集》等。

[5] 觳觫（hú sù）：因恐惧而发抖。

[6] 箴：规箴，劝勉之言。

【今译】

《大戴礼记》说："蟹两只螯八只脚，没有蛇和蚯蚓的洞穴便无处存身，是心思浮躁。"《荀子》有同样的句子。陆龟蒙的赋里说："内里焦躁外面抓挠，便是用余烬烧烤的蟹。"陈与义的诗："只见它横行便怀疑它心急，却不知这位公子实在没有心肠。"吕本中的诗："竹林间新发的竹笋大得像橡子，树上的黄耳比肉还要肥美。也没看到蟹的躁动扰攘，也没看到牛的恐惧发抖。"这可算作是由蟹引出的规箴。

香

　　陆龟蒙诗："药杯应阻蟹螯香[1]，却乞江边采捕郎。"宋景文诗："鲙缕荐盘鳊项缩，酒杯行算蟹螯香。"又诗："为寻李白高吟地，酒熟螯香左右持。"张文潜诗："匡实黄金重，螯肥白玉香。"蒋颖叔[2]《淞江》诗："秀蹙[3]青螺髻，香持白蟹螯。"疏寮诗："小山花落渠[4]如别，右手螯香我欠肥。"

【今注】

[1] 药杯应阻蟹螯香：中医认为螃蟹是发物，发物泛指辛辣、燥热、生冷、肥甘厚味的食物，服药时忌食。

[2] 蒋颖叔：即蒋之奇（1031—1104），字颖叔，常州宜兴（今属江苏）人，北宋书法家，存世墨迹有《随往法济帖》《辱书帖》等。

[3] 蹙（cù）：紧皱，聚拢。

[4] 渠：第三人称代词，相当于"他"。

【今译】

　　陆龟蒙的诗："服药的杯子应当阻挡得住蟹螯的清香，却要去求江边采蟹捕鱼的渔郎。"宋祁的诗："鱼肉丝摆在

潘天寿　园蔬肥蟹图

盘里，鳊鱼的脖子收缩，端着酒杯行令猜数，闻到了蟹螯的清香。"还有一首诗："为了追寻李白高声吟诗之境界，左右两手分持美酒与蟹螯。"张耒的诗："背壳黄金像般充实而又贵重，蟹螯如白玉肥嫩而又清香。"蒋之奇的《淞江》诗："聚拢起青螺般秀气的发髻，把持着香美的白肉蟹螯。"疏寮的诗："小山上的花落了，它像是在告别，右手上蟹螯香美，而我还嫌不够肥。"

沫

陆龟蒙蟹诗："骨清犹似含春霭[1]，沫白还疑带海霜。"梅圣俞诗："定知有口能嘘沫，休说无肠便畏雷[2]。"黄太史诗序曰："得蟹数枚，吐沫相濡。"

【今注】

[1] 春霭：春日的云气。

[2] 畏雷：《山堂肆考》："俗云蟹无肠，故畏雷"。

【今译】

陆龟蒙的蟹诗："骨骼清奇好似包含了春日的云气，泡沫洁白令人怀疑它携带了海上的风霜。"梅圣俞的诗："定然知道有口能吹出泡沫，不要说没有肠子就畏惧天雷。"黄庭坚的诗序说："我得到几只蟹，它们吐着泡沫互相湿润。"

肥

　　林和靖[1]诗："水痕秋落蟹螯肥，闲过黄公酒食归。"宋元宪诗："露夕梨津饱，霜天蟹甲肥。"苏栾城[2]诗："蟹肥螯正满，石破髓初坚。"顾临[3]诗："如逢公酿[4]年来富，斗虎巨螯稻正肥。"黄太史诗："因之酌苏李，蟹肥社醅[5]熟。"俞紫芝[6]诗："莫怪野人经宿住，白蘋霜落蟹螯肥。"齐唐诗："身闲婚嫁毕，秋老蟹螯肥。"滕甫[7]诗："主人留客醉，酒美蟹螯肥。"陆放翁诗："村场[8]酒薄何妨醉，菰米堪烹蟹正肥。"疏寮诗："菊报酒初熟，橙催蟹又肥。"

【今注】

[1] 林和靖：即林逋（967—1028），字君复，又称和靖先生，钱塘（今浙江杭州）人，北宋诗人。林逋隐居西湖孤山，终生不仕不娶，植梅养鹤，人称"梅妻鹤子"。

[2] 苏栾城：即苏辙（1039—1112），字子由，眉州眉山（今四川眉山）人，北宋文学家，与父亲苏洵、兄长苏轼齐名，合称"三苏"，有《栾城集》。

[3] 顾临（生卒年不详）：字子敦，会稽（今浙江绍兴）人，宋代学者。

[4] 公酿：宋代实行酒水公酿公卖制度，地方各级府衙均可酿酒宴客和自用，故称公酿。

[5] 社醅（pēi）：地方上新酿而未经过滤的酒。四库本作"杜醅"，据《山谷诗集》改。

[6] 俞紫芝（？—1086）：字秀老，金华（今属浙江）人，北宋诗人。少有高行，终身不娶不仕，《全宋词》《全宋诗》录其作。

[7] 滕甫（1020—1090）：字达道，东阳（今浙江东阳）人，北宋诗人。

[8] 村场：乡村集市。

【今译】

　　林和靖的诗："船行湖面划出道道波纹，深秋时节蟹螯正肥，闲时过访黄公，酒足饭饱而归。"宋庠的诗："有露水的夜晚梨汁饱满；霜降时节，蟹的甲壳肥硕。"苏辙的诗："螃蟹肥硕时蟹螯饱满，用石头破开外壳髓肉还保持坚韧。"顾临的诗："公酿美酒年年富足，蟹能斗虎，稻谷饱满。"黄庭坚的诗："用蟹和酒追忆苏轼与李白，螃蟹肥硕，新酒已熟。"俞紫芝的诗："不要怪村野之人整夜住在这里，白蘋落霜时蟹螯最肥。"齐唐的诗："婚嫁结束后身子得闲，蟹螯肥美时秋光已老。"滕甫的诗："主人挽留客人一醉方休，酒水甘美蟹螯肉肥。"陆放翁的诗："乡村集市的酒虽淡也不妨一醉，菰米可以烹煮时，蟹亦肥美。"疏寮的诗："菊花开放像是为酒熟报信，橙子黄时螃蟹也像受到催促一般肥了起来。"

性味 [1]

《本草》曰："蟹性寒，味咸。"孟诜曰："蟹子散诸热。"日华子 [2] 曰："蟹性凉。"张文潜诗："中炎若逢蟹，其快如冰霜。"疏寮诗："江空蟹急窘于搜，满腹清凉做尽秋。"几与此合。

【今注】

[1] 性味：指的是药物的性质和气味。中医认为蟹能入药，故有此条。

[2] 日华子（生卒年不详）：四明（今浙江宁波）人，五代时吴越国的医学家，著有《日华子本草》，已佚。

【今译】

《本草》说："蟹的药性寒凉，味道咸。"孟诜说："蟹能散去各类热症。"日华子说："蟹的药性凉。"张耒的诗："体内有热症如果遇到蟹，那种感觉就像遇上冰霜。"疏寮的诗："江中空荡，蟹因人搜捕而窘迫地急急奔走，它满肚子的清凉做尽了秋光。"几乎与此相符。

风味 惟黄太史称其味。孟诜曰："能去五脏中烦闷气。"此句绝奇。陆龟蒙又称其骨清，有旨 [1] 哉。

黄太史蟹诗："形模虽入妇女笑，风味可解壮士颜。"又诗："不比二螯风味好，那堪把酒对江山。"又诗："也知馘觫元无罪，奈此樽前风味何。"又诗："趋跄虽入笑，风味

陈师曾　风味可解壮士颜

极可人。"章甫蟹诗:"那知风味美,以此遭缚辱。"疏寮诗:
"有鱼有蟹美如玉,胡不醉呼黄鹤楼。"又诗:"有晋风姿
如此蟹,个个能空 [2] 无能解。"

【今注】

[1] 旨:用意。

[2] 空:胸怀磊落,潇洒无挂碍。

【今译】

　　唯独黄庭坚称赞它的风味。孟诜说:"(蟹)能去除五脏中
的烦恼忧闷之气。"这句无比奇特。陆龟蒙又说它骨骼清奇,有
用意啊。

　　黄庭坚的蟹诗:"形状和模样虽然引得妇女发笑,美
好的口味可使壮士欢喜开颜。"还有一首诗:"没有比双螯
风味更美之物,又怎能把持酒杯面对江山。"还有一首诗:
"其实也知晓(因即将被宰杀而)恐惧颤抖(的生灵)原
本无罪,奈何禁不住酒樽前的美味啊!"还有一首诗:"快
步踉跄虽然引人发笑,风味却适合人的心意。"章甫的蟹诗:
"怎知道会因风味美妙,而遭到捆缚屈辱。"疏寮的诗:"有
像玉一样美好的鱼和蟹,何不登上黄鹤楼醉酒高呼。"还有
一首诗:"晋代的风仪姿态就好像这只蟹,个个洒脱磊落而
没人能理解。"

齐白石　横行谁个在文章

仄行 [1]

《本草经》曰："蟹足节屈曲,行则旁横。"郑康成 [2]《周礼注》曰："虫有仄行者,蟹属也。"唐贾公彦 [3]《周礼疏》曰："今之螃蟹,以其仄行也。"《孝经纬》曰："蟹,两端傍行者也。"黄太史诗:"横行葭苇中,不自贵其身。"强至 [4] 蟹诗:"横行竟何从,躁心固已息。"陆放翁诗:"堪思妄想缘香饵,尚想横行向草泥。"

【今注】

[1] 仄(zè)行:即侧行、横行之意。

[2] 郑康成:郑玄(127—200),字康成,北海郡高密(今山东高密)人,东汉末年经学家,曾遍注儒家经典,著有《天文七政论》《中侯》等书,共百万余言,世称"郑学"。

[3] 贾公彦(生卒年不详):洺州永年(今属河北邯郸)人,唐代经学家。官至太学博士,撰有《周礼义疏》五十卷。

[4] 强至(1022—1076):字几圣,钱塘(今浙江杭州)人,北宋诗人,有《祠部集》。

【今译】

《本草经》说:"蟹脚上的关节弯曲,行走时便向一旁横着走。"郑玄的《周礼注》说:"虫族当中有横行的,即是蟹类。"唐代贾公彦的《周礼疏》说:"如今称螃蟹,是因为它横行。"《孝经纬》说:"蟹,是两边侧着行走的生物。"黄庭坚的诗:"在芦苇中横行,不以为自身高贵。"强至的蟹诗:"横着行走究竟要到哪里去,急躁的心思固然已经止歇。"陆游的诗:"可以反思因香饵而起的妄想,还想着去草泥之间横行。"

走 [1]

《周礼·大司乐》注曰:"蟹走则迟。"疏寮诗:"蟹遁迫众隙,鹤饥拳两阶 [2]。"

【今注】

[1] 走:跑。

[2] 两阶:宫廷的东、西阶梯。

【今译】

《周礼·大司乐》的注解说:"蟹跑起来就很迟缓。"疏寮的诗:"蟹逃走时迫近众多洞穴,鹤饥饿时蜷缩在宫廷两阶。"

朝魁 [1]

陆龟蒙《蟹志》曰:"执穗以朝其魁。"孟诜《本草》曰:"蟹至八月衔稻芒,两茎长寸许,东向至海,输海王之所。"按《山海经》:"大蟹在海中,有大可千里者。"又曰:"女丑 [2] 有大蟹广千里 [3]。"《玄中记》曰:"天下之大物,北海之蟹,举一螯能加于山,身故在水中。岂所谓魁而王乎?"谢幼盘诗:"谁能不累口腹事,莫趁秋风衔稻芒。"章

齐白石　蟹

甫诗："江淮九月时,输海稻盈腹。"

【今注】

[1] 朝魁:朝见首领,据说河蟹在秋天会持两穗稻谷,去朝见海神。这实际上是河蟹的洄游现象,到了寒露、霜降时节,河蟹便会成群结队奔向江河入海口,在咸水中交配产卵。河蟹的生殖洄游,古人认为这是群蟹去朝见海神。

[2] 女丑:上古传说中的神明。

[3] 千里:四库本作"十里",据《山海经传》改。

【今译】

　　陆龟蒙《蟹志》说:"拿着稻穗来朝见它们的首领。"孟诜《本草》说:"蟹到了八月时口衔着稻芒,两根长一寸多,往东到海里去,输送到海神的居所。"按《山海经》所说:"大蟹在海中,有的身长可达千里。"又说:"女丑有千里大的蟹。"《玄中记》说:"天下的巨大之物,有北海的蟹,举起一只螯放在山上,身子仍在水中。难道这就是所说的首领和蟹王?"谢蔼的诗:"谁能不被口腹之事所累,莫要趁着秋风起时去衔稻芒。"章甫的诗:"江淮一带的九月时节,蟹满腹稻芒输送至海。"

治疗 [1]

　　邪气　热结痛 [2]　喎癖 [3]　面肿　解结

　　散血　疽疮 [4] 以黄涂之。　漆疮 [5]　养筋　益气

杀莨菪 [6] 毒　解鳝毒 蟹,鳝类也。　疥疮折傅之。

金疮 [7] 螯黄纳疮中。

续筋接骨取蟹髓及脑,与黄微熬,纳疮,自然连续。谢幼盘诗:"椎髓方嫌太瘦生。"又方神效:全蟹一只,纸裹,外以盐泥封固,煅红去土,出火,一毫一脚不可失去,研细末,无灰,好酒送下。饮醉,骨瑟瑟有声,睡醒续好如故。又催生大妙。

【今注】

[1] 本条汇集本草文献中关于蟹的药用功效,以及药方。这些知识基于古人的认知,不可尽信。

[2] 热结痛:热邪内积所致的痛症。

[3] 喎癖（wāi pǐ）:歪嘴之症。

[4] 疽（jū）疮:毒疮。

[5] 漆疮:接触生漆引起的皮肤过敏。

[6] 莨菪（làng dàng）:多年生草本植物,根状茎呈块状,灰黑色,叶子互生,长椭圆形,花紫黄色,有毒。

[7] 金疮:中医指刀、剑、枪等金属器械造成的伤口。

【今译】

邪祟之气　热邪集结导致的痛症　歪嘴　脸肿　消解郁结

化散淤血　毒疮用蟹黄涂抹患处。　漆疮　保养筋骨补益气虚

消解莨菪的毒　解鳝鱼的毒蟹,与鳝鱼相似。　疥疮折

常將冷眼觀螃蟹
看你橫行到幾時

擬李復堂筆壬午冬仲
寫於松北石室巡盦陳摩

陈摩　螃蟹图

断蟹外敷。

刀剑伤蟹螯中的黄放到疮口。

接续筋骨取蟹髓和蟹脑，和蟹黄稍微熬煮，放进疮里，自然会连接起来。谢幼盘的诗："敲打骨髓才嫌弃太瘦。"又有一个药方有神效：完整的蟹一只，用纸包裹，外面用盐水和泥封严，火中烧红，去掉土，从火里拿出来，一根毛一只脚也不能丢失，研成细末，没有灰，用好酒送服下去。喝醉了酒，骨头瑟瑟有声响，睡醒后筋骨接好，和原来一样。又能助产催生，特别好。

治疟

沈存中[1]《笔谈》[2]曰："关中[3]无螃蟹，土人恶其形状，以为怪物。秦州[4]人家收得一干蟹，有病疟者则借去悬门上，往往遂差。不但人不识，鬼亦不识。"曾文清食蟹诗："横行足使斑寅[5]惧，干死能令疟鬼亡。"

【今注】

[1] 沈存中：即沈括（1031—1095），字存中，号梦溪丈人，杭州钱塘县（今浙江杭州）人，北宋科学家。其代表作《梦溪笔谈》，内容丰富，被称为"中国科学史上的里程碑"。

[2]《笔谈》：即沈括的《梦溪笔谈》。

[3] 关中：指的是"四关"之内，即东潼关、西散关、南武关、北萧关。现关中地区位于陕西省中部，是古都长安所在地，山川险要，易守而难攻。

[4] 秦州：今甘肃天水。

[5] 斑寅：花斑猛虎。

【今译】

　　沈括的《梦溪笔谈》记载："关中地区没有螃蟹，当地人厌恶它的形状，将其当成怪物。秦州有人家收到了一枚干蟹，家中有病虐的就借去挂在门上，（病）往往就好了。不但人不认识（蟹），鬼也不认识。"曾几的食蟹诗："横行足以令花斑猛虎畏惧，干枯的死蟹能让虐鬼逃亡。"

食忌

　　赤目者不可食，独目者不可食，两目相向者不可食，四足者不可食，妊[1]者不可食。

【今注】

[1] 妊（rèn）：怀孕。

【今译】

　　眼睛红的（蟹）不可以吃，一只眼的不可以吃，两只眼睛相对的不可以吃，四只脚的不可以吃，怀孕的不可以吃。

毒

　　陶隐居[1]曰："蟹未被霜者甚有毒，被霜二字，诗材也。以其食水莨也。人中之，不疗而死。至八月，腹有稻芒，食之无毒。"《博物志》曰："秋蟹毒者，无药可疗。目相向

聂璜　海错图之蟛蜞、芦禽、长脚

者尤甚。"《本草》曰："蟹性寒，有毒。治毒之法，用大黄、紫苏、冬瓜汁，出《食忌》。"张文潜诗："世言蟹毒甚，过食风乃乘。"谢幼盘诗："有国常忧以味亡[2]，须知有毒味中藏。"曾裘父诗："甘餐不美鸩[3]，毒终非可戒。"章甫诗："江淮九月时，输海稻盈腹。纷纷来入市，众口夸无毒。"

【今注】

[1] 陶隐居：即陶弘景（456—536），字通明，齐梁之际的道士，自号华阳居士，又称华阳隐居，丹阳秣陵（今江

苏南京）人，卒谥贞白先生。撰有《本草经集注》等。

[2] 有国常忧以味亡：指的是以贪吃美味而亡国。

[3] 鸩：毒酒。

【今译】

　　陶弘景说："没有经霜的蟹毒性很大，'被霜'两个字，是诗歌的素材。因为它吃水里的莨菪。人中了毒，便不治而死。到了八月，蟹腹部有稻芒，吃了没有毒。"《博物志》说："秋蟹当中最毒的，没有药可以治疗。两只眼相对的尤其严重。"《本草》说："蟹的药性寒凉，有毒。治疗蟹毒的方法，用大黄、紫苏、冬瓜汁，出自《食忌》。"张耒的诗："世人说蟹毒性很大，过量食用，风邪便会趁机而入。"谢幼盘的诗："有的当国者经常忧虑因美味而亡国，应该知道毒性在美味中隐藏。"曾裘父的诗："甘美的饭食并不美于毒酒，这毒终归不能戒掉。"章甫的诗："江淮一带的九月时节，蟹满腹稻芒输送至海。纷纷来进入集市，众人都夸赞蟹没有毒。"

蟹略卷二

蟹乡

蟹泽 [1]

《本草图经》曰："蟹生伊洛池泽中。"注曰："淮海、京东、河北陂泽 [2] 中多有之。"

【今注】

[1] 蟹泽：适宜蟹生长的水泽地带。

[2] 陂（bēi）泽：湖滨的水泽。

【今译】

《本草图经》记载："蟹生长在伊洛一带的池沼湖泽中。"注释称："淮海、京东、河北的湖泽中有很多蟹。"

蟹浦 [1]

南齐建武四年，崔慧景 [2] 作乱。到都下 [3] 不克，单马至蟹浦，投渔人。陆龟蒙《蟹志》曰："渔捕于江浦间。"陆放翁诗："今朝有奇事，江浦得霜螯。"

【今注】

[1] 蟹浦：地名。一在今浙江省宁波市镇海区西北海滨，一在今江苏省南京市西南。

白石老人八十八岁戊子

齐白石　蟹图

[2] 崔慧景（438—500）：字君山，清河郡东武城县（今河北故城县）人，南北朝时期的南齐名将，追随萧道成征战四方。至东昏侯即位，屠杀功臣将相，心怀不安，遂生叛乱，拥立江夏王萧宝玄，围攻建康。永元二年（500）兵败，逃遁被杀，时年六十三岁。

[3] 都下：即都城之下，此处的都城指的是南齐的国都建康（今南京）。

【今译】

南齐建武四年（497），崔慧景叛乱。到了都城之下不能攻克，单枪匹马逃到了蟹浦，投奔渔人。陆龟蒙《蟹志》说："渔人在江浦之间捕鱼。"陆游的诗："今天早上有一件怪事，在江边捕捉到螯上带霜的蟹。"

蟹洲 [1]

《吴志》[2]曰："苏最多蟹，郁洲 [3] 者尤肥大。"

【今注】

[1] 洲：水中的陆地。

[2]《吴志》：即《三国志》中的吴国部分，西晋陈寿所撰。

[3] 郁洲：古洲名，即今江苏连云港市东云台山一带。古时在海中，今已连为陆地。

【今译】

《吴志》中说："苏州蟹最多，郁洲出产的尤其肥大。"

蟹浪

吴人夜执火 [1] 于水滨,纷然而集,谓之蟹浪。

【今注】

[1] 执火:举着灯火。此处指的是光诱捕蟹之法,蟹有趋光性,夜里用光引诱便可获蟹。

【今译】

吴人晚上举着灯火到水滨,(蟹)纷纷聚集,(人们)称之为蟹浪。

蟹穴

《大戴礼》曰:"蟹非蛇蟺之穴而无所寄托者,用心躁也。"《荀子》曰:"蟹非蛇蟺之穴无所寄托。"强至墨蟹诗:"初自蟺穴来,犹带浮泥黑。"毛友诗:"身缀鹓 [1] 鸾集凤池,梦寻麋鹿游蟹堁 [2]。"《唐韵》曰:"堀 [3] 堁,尘起貌。"

【今注】

[1] 鹓(yuān):类似凤凰的一种鸟。

[2] 堁(kè):尘埃。

[3] 堀(kū):同"窟"。

【今译】

《大戴礼》说:"蟹离开蛇蟺的洞穴就无处存身,是心思浮躁。"《荀子》说:"蟹没有蛇蟺的洞穴就无处存身。"强至的墨蟹诗:"刚从蟺穴当中来,还带着黑色的浮泥。"毛

江寒汀 蟹

友的诗："身上连缀鹓鸟鸾凤聚集到凤池，梦中寻到麋鹿同游蟹堁。"《唐韵》说："堀堁，尘土飞起的样子。"

蟹窟

梅圣俞诗："肥大窟深渊，曷虞[1]遭食啄。"

【今注】

[1] 曷虞：曷，为何。虞，忧虑。

【今译】

梅尧臣的诗："肥硕的蟹筑穴在深渊，何必担忧被人吸食。"

蟹舍 [1]

张志和 [2]《渔父歌》："淞江蟹舍主人欢。"苏庠 [3]《淞江》诗："东邻蟹舍如著我，已办蓑笠悬牛衣 [4]。"张徵之 [5]《淞江》诗："萧萧芦苇黄，蟹舍何潇洒。"陆放翁诗："数椽蟹舍偿初志，九陌尘衣洗旧痕。"又诗："洞庭八万四千顷，蟹舍正对芦花洲。"

【今注】

[1] 蟹舍：捕蟹的渔人在水滨搭建的茅庐草舍，可以遮风避雨。蟹舍也被看作是隐士的居所。

[2] 张志和（732—774）：字子同，号玄真子，祖籍婺州（今浙江金华），唐代诗人。曾隐居于太湖一带，有《渔父词》

传世。

[3] 苏庠（1065—1147）：字养直，澧州（今湖南澧县）人。因卜居丹阳后湖，又自号后湖病民，隐逸以终，有《后湖集》。

[4] 牛衣：供牛御寒用的披盖物，如蓑衣之类。

[5] 张徽之：宋代诗人，生平不详。

【今译】

张志和《渔父歌》："淞江蟹舍的主人欢喜。"苏庠的《淞江》诗："东邻的蟹舍如能让我居住，已经准备了蓑笠和牛衣。"张徽之的《淞江》诗："芦苇萧萧已经泛黄，蟹舍的意趣何等潇洒。"陆游的诗："几间蟹舍满足了当初的志愿，繁华闹市里沾尘的衣服洗去了旧时痕迹。"还有一首诗："洞庭有八万四千顷，蟹舍正对着芦花洲。"

蟹具 [1] 淞江 [2] 有《渔具图》。《本草图经》曰："南方人捕蟹差 [3] 早。"王维 [4] 为人作《捕渔图》，今之捕蟹良佳。陆龟蒙诗："却乞江边采捕郎。"

【今注】

[1] 蟹具：即捕蟹的工具。

[2] 淞江：此处或指隐居松江的晚唐诗人陆龟蒙，又称淞江处士。陆龟蒙曾作《渔具诗》，此处所提的《渔具图》今已失传。

边寿民　杂画册

[3] 差：稍微，比较。

[4] 王维（701—761）：字摩诘，河东蒲州（今山西运城）人，唐代诗人、画家，有《王右丞集》。

【今译】

　　陆龟蒙有《渔具图》。《本草图经》说："南方人捕蟹比较早。"王维给别人作《捕渔图》，如今用来捕蟹很好。陆龟蒙的诗："却要去求江边采蟹捕鱼的渔郎。"

蟹簖 [1]

　　陆龟蒙《蟹志》曰："今之采捕于江浦间，承峻流苇萧而障之，其名曰簖。"《广五行记》曰："元嘉 [2] 中，富阳民作蟹簖。"司马温公诗："稻肥初簖蟹，桑密不通鸦。"金嘉谟 [3] 鱼簖诗："芒苇织帘箔，横当湖水秋。寄言鱼与蟹，机穽[4]在中流。"陆放翁诗:"水落枯萍粘蟹簖。"疏寮诗:"簖头蟹大须都买,筲[5]下醪香且竟酣。"

【今注】

[1] 蟹簖(duàn):一种渔具,插在水里捕蟹用的竹木栅栏。

[2] 元嘉(424—453):宋文帝刘义隆的年号。

[3] 金嘉谟:宋代诗人,生平不详。

[4] 机穽(jǐng):设有机关的陷阱。

[5] 筲(chōu):一种竹制的滤酒的器具。

【今译】

陆龟蒙的《蟹志》说:"如今在江浦之间采集捕捉,承接峻急的水流,用苇萧作为障子,这种渔具的名字叫做簖。"《广五行记》说:"元嘉年间,富阳有百姓制作蟹簖。"司马光的诗:"稻谷成熟时开始用蟹簖捕蟹,桑叶茂密时乌鸦难以穿越。"金嘉谟的鱼簖诗:"芒苇织成的帘箔,横着挡住了湖上的秋色。带信给鱼和蟹,机关陷阱就在水中央。"陆游的诗:"水落时枯萎的浮萍粘在蟹簖上。"疏寮的诗:"簖头的蟹大,应该都买来,筲下的美酒醇香,姑且整日沉酣。"

蟹帘[1]

吴越之人取蟹,编帘以障,谓之蟹帘。石守道[2]《淞江赋》云:"小翼椮罧,罶[3]之所施。"陆龟蒙《迎潮辞》曰:"鸥巢卑兮鱼箔短。"黄太史赋曰:"聊生涯于苇竹。"即陆

牧溪　水墨写生图之蟹

氏所谓苇萧也。

【今注】

[1] 蟹帘：蟹籪的别称。帘即细竹或芦苇编成的起遮蔽作用的薄片。

[2] 石守道：即石介（1005—1045），字守道，兖州奉符（今山东泰安）人。北宋学者，思想家，曾创建泰山书院、徂徕书院，以《易》《春秋》教授诸生，世称徂徕先生，有《徂徕集》。

[3] 罞槮罧罶（cháo sēn jiān liǔ）：皆是渔具之名。罞：捕鱼用的小网。槮：一种捕鱼方法，陆龟蒙《渔具诗序》"错薪于水中曰槮"，即在水中堆放柴草，吸引鱼前来栖息，

从而集中围捕。罛：丝网。罶：捕鱼的竹篓，入口处有倒刺，鱼能进入却不能出。

【今译】

　　吴越之地的人捕蟹，编制帘子做屏障，称之为蟹帘。石守道《淞江赋》里说："罜梂罛罶施展身手的地方。"陆龟蒙的《迎潮辞》说："海鸥的巢穴低劣啊鱼箔短小。"黄庭坚的赋中说："姑且寄托生涯在苇帘和竹簿之间。"这即是陆龟蒙所说的苇萧。

蟹簄 [1]

　　簄业 [2] 亦如帘。陆龟蒙《渔具诗序》曰："列竹于海澨 [3] 曰沪 [4]。"其诗曰："万植御洪波，森然倒林薄 [5]。"石处道 [6]《淞江赋》曰："籧簄筍箓 [7] 以森布，罶罾罛罝 [8] 以交曳。"疏寮诗："水生奔蟹簄，树杂荫鱼床 [9]。"又诗："明夜定依渔父宿，簄头呼蟹碧丸丸。"

【今注】

[1] 簄（hù）：拦截鱼虾的竹栅。

[2] 簄业：四库本作"簄叶"，据顾野王《舆地志》改。《舆地志》载："簄业者，滨海渔捕之名，插竹列于海中，以绳编之，向岸张两翼，潮上即没，潮落即出，鱼随潮碍竹不得去。"

[3] 澨（shì）：水滨。

陈半丁　秋菊蟹黄图

[4] 沪：即簄。上海的简称是沪，便是起源于这种渔具。

[5] 林薄：草木交错之地，借指隐居之所。

[6] 石处道（1058—？）：字元叟，晋康（今广东德庆县）人，北宋诗人。曾任松江知县，为官以清白著称，著有《松江集》

[7] 籦（cóng）篂筍（gǒu）箊（mò）：渔具名，这四字都是竹字头，皆为竹制的渔具。籦，槮的别称，陆龟蒙《渔具诗序》："错薪于水中曰槮"，"槮，吴人今谓之籦。"筍：竹编的捕鱼工具，形同竹篓，入口有倒刺，鱼虾能入而不能出。箊：捕鱼的长筒竹器。

[8] 罍罾罟罛（léi zēng gū gǔ）：渔具名，这四字都是网字头，是四种网具。罍：一种有网袋的渔网。罾：一种用木棍或竹竿做支架的方形渔网。罟：大型的渔网。罛：泛指网，一般与"网"合称"网罛"。

[9] 鱼床：即椮的别称，在水中堆积木柴，诱鱼进入。

【今译】

　　簂业也如同帘。陆龟蒙的《渔具诗序》说："插竹子在水滨称作沪。"他的诗说："上万根竹子统领着洪流波浪，繁密的倒影像是草木交错之地。"石处道的《淞江赋》说："籪簂笱笭密集排列，罶罾罜䍡互相拉拽。"疏寮的诗："水涨时奔入蟹簂，树木交错覆盖鱼床。"还有一首诗："明晚定要和渔夫一起住，簂上称呼蟹为碧玉丸。"

蟹篝 [1]

　　篝者以竹为篓，上接籪帘者也。陆龟蒙曰笱，即篝也。疏寮诗："自携笔具呼西舟，好风吹蟹归鱼篝。"

【今注】

[1] 篝（gōu）：捕蟹的竹笼，相当于笱，有倒刺，蟹进入后便不能出。篝安置在水中拦蟹的竹栅之上，蟹被竹栅阻挡，爬到竹栅顶端寻找出口，便失足落入篝中。

【今译】

　　篝是用竹编成篓子，上面接着籪帘的渔具。陆龟蒙说的笱，即是篝。疏寮的诗："自己携带着笔具唤来小船，令人欢喜的风吹着蟹进入鱼篝。"

蟹籚 [1]

《纂文》曰："取蟹者曰籚。"

【今注】

[1] 籚(lí)：或作篱，用竹插入水中，如篱状，蟹籚也即蟹簖、蟹帘、蟹簋之类，同类而异名。

【今译】

《纂文》说："捉蟹的工具叫做籚。"

蟹网

吴人引舟取蟹，沈[1]铁脚网[2]，谓之荡浦。又引徐行两舟，中间施网，谓之摇江[3]。黄太史诗："谁怜一网尽，大去河伯民[4]。"

【今注】

[1] 沈：通"沉"。

[2] 铁脚网：安装铁网坠的网，可使网片的下缘快速沉到水中。

[3] 摇江：与前述"荡浦"均属捕蟹方法。

[4] 大去河伯民：四库本作"大法河北民"，据《山谷诗集》改。

【今译】

吴人牵引着船捕蟹，沉下铁脚网，称之为荡浦。还牵引着慢行的两只船，在两船之间下网，称之为摇江。黄庭坚的诗："谁来怜惜那捕捞的一网,除去了多少河伯的子民。"

蟹钓

　　梅圣俞蟹诗："老蟹饱经霜,紫膏青石壳。肥大窟深渊,曷虞遭食啄。香饵与长丝,下沈宁自觉。未免利者求,潜潭不为邈 [1]。"又诗："霜蟹肥可钓,水鳞活堪斫 [2]。"

【今注】

[1] 邈(miǎo):遥远。

[2] 斫(zhuó):用刀斧砍。

【今译】

　　梅尧臣的蟹诗："老蟹饱经风霜,紫色的膏脂、青石般的外壳。肥硕的蟹筑穴在深渊,何必担忧被人吸食。香饵和长长的丝线,(蟹)下沉深渊岂是自觉。为免有好利者前来搜求,潜入深潭也不算遥远。"还有一首诗："经霜的蟹已经肥硕可以施钓,水中鳞族新鲜活跃可以砍斫。"

蟹火 [1]

　　吴人取鱼,执火而攻之,蟹则易集。黄太史诗："忆观淮南夜,火攻不及晨。"又诗："怒目横行与虎争,寒沙奔火祸胎成。"

【今注】

[1] 蟹火:指的是用灯火照射诱蟹,又称光诱法。蟹有趋

光性，见光则前来聚集。

【今译】

　　吴人捕鱼，手执灯火攻取，蟹就很容易聚集。黄庭坚的诗："回忆起观赏淮南的夜色，渔人执火诱蟹时还未到清晨。"还有一首诗："怒目横行和老虎相争，在寒沙里奔向火光筑成祸端。"

蟹户 [1]

　　钱氏 [2] 治杭越，置渔户、蟹户。刘禹锡诗："宛洛鱼书 [3] 至，江村雁户 [4] 归。"用雁户亦奇，少有人用此。晏元献 [5] 诗曰："白草沙场多雁户，黄榆关 [6] 迥 [7] 绝狼烟。"

【今注】

[1] 蟹户：即专门捕蟹的渔户。唐宋时期的江南一带还出现了专门的贩蟹人以及售卖蟹的店家，谓之"蟹行"。这些专业的分工，反映了当时捕蟹业的繁荣。

[2] 钱氏：指的是五代时的吴越国王钱镠及其子孙。

[3] 鱼书：即书信。汉乐府《饮马长城窟行》："客从远方来，遗我双鲤鱼。呼儿烹鲤鱼，中有尺素书。"

[4] 雁户：也叫客户，唐宋时期由外地逃亡或迁徙至某一地的民户的通称，因其像大雁一样迁徙，故称雁户。雁户大多成为豪门的庄客、奴婢、部曲、佃客，沦落为流民，少数走投无路者啸聚山林为盗。

卖蟹 十九世纪外销画

[5] 晏元献：即晏殊（991—1055），字同叔，谥号元献，抚州临川（今属江西）人，北宋词人，有《珠玉词》。

[6] 黄榆关：地名，位于今河北邢台。

[7] 迥（jiǒng）：遥远。

【今译】

　　钱氏治理杭越时，设置渔户、蟹户。刘禹锡的诗："宛洛的鱼书到达，江村的雁户归来。"使用雁户一词也很稀奇，很少有人用到。晏殊的诗说："白草遍地的沙场上有许多雁户，遥远的黄榆关断绝了狼烟。"

蟹品

洛蟹 [1]

　　《本草图经》曰："蟹生伊洛池泽中。"注曰："伊洛蟹极难得。"今淮海、京东、河北陂泽中多有之。沈存中《笔谈》曰："关中无蟹。"

【今注】

[1] 洛蟹：河洛地区产的蟹。

【今译】

　　《本草图经》记载："蟹生长在伊洛的池沼湖泽中。"注解称："伊洛的蟹极为难得。"如今淮海、京东、河北的湖泽中有许多蟹。沈括《梦溪笔谈》记载："关中没有蟹。"

吴蟹 [1]

　　罗处约 [2]《苏州图经》，其叙虫鱼，蟹居其末，可为无

齐白石　虾蟹图

风度之甚，况大欠表章[3]乎。姑苏娄县即昆山也，有郁洲吴塘蟹，特肥大。郁洲者，孙恩[4]所保之地。石处道《淞江赋》曰："鱼则蟹鳖虾螺。"杜牧[5]诗："越浦黄柑嫩，吴溪紫蟹肥。"梅圣俞诗："幸与陆机[6]还往熟，每分吴味不嫌猜。"陆放翁诗："细粒新沙来左辅[7]，巨螯斫雪出东吴。"章甫诗："吴淞鱼蟹熟，安稳泛江流。"

【今注】

[1] 吴蟹：吴地产的蟹。吴地本为春秋时吴国所在地，相当于今浙北、苏南的环太湖地区及上海全境，其中心位于苏州。

[2] 罗处约（960—992）：字思纯，益州华阳（今四川成都）人，北宋词人。

[3] 表章：即表彰。

[4] 孙恩（？—402）：字灵秀，琅琊临沂（今山东临沂）人，世奉五斗米道，曾起兵反叛东晋，兵败跳海自杀，余众由妹夫卢循继续统领，史称"孙恩卢循之乱"。

[5] 杜牧（803—852）：字牧之，号樊川居士，京兆万年（今陕西西安）人，唐代诗人，是宰相杜佑之孙，晚年居长安南樊川别墅，故后世称"杜樊川"。

[6] 陆机（261—303）：字士衡，吴郡华亭（今上海松江）人，西晋文学家、书法家，孙吴丞相陆逊之孙、大司马陆抗第四子，与其弟陆云合称"二陆"。

[7] 左辅：汉三辅之一左冯翊的别称。因在京兆尹之左（东）得名，后世亦称京东之地为左辅。

【今译】

罗处约的《苏州图经》，记叙虫鱼，蟹在最末尾，可算是很没有风度，况且很欠缺显扬之意。姑苏的娄县即昆山，有郁洲吴塘蟹，特别肥大。郁洲是孙恩所占据之地。石处道的《淞江赋》说："鱼类则有蟹螯虾螺。"杜牧的诗："越地水滨的黄柑嫩，吴地溪中的紫蟹肥。"梅尧臣的诗："有幸和陆机相熟，每当分享吴地风味时不会猜忌。"陆游的诗："纤细的颗粒和新泥沙来自左辅，斫出雪肉的巨螯出于东吴。"章甫的诗："吴淞的鱼蟹成熟了，可以安逸地在江上泛舟。"

越蟹 [1]

宋景文诗："越蟹丹螯美，吴莼紫线萦 [2]。"谢景初 [3] 诗："越俗嗜海物，鳞介每一遗。虾蠃 [4] 味已厚，况乃蟹与蜌。"张祜 [5]《归越》诗："好去宁鸡口 [6]，加餐及蟹螯。"

【今注】

[1] 越蟹：越地产的蟹。越地本为春秋时越国所在地，相当于今浙江的大部，其中心位于绍兴。

[2] 萦（yíng）：缠绕。

[3] 谢景初（1020—1084）：字师厚，号今是翁，富阳（今

属浙江）人，北宋诗人，有《宛陵集》。

[4] 蠃（luǒ）：指的是螺贝之类。

[5] 张祜（约785—849）：字承吉，贝州清河（今属河北邢台）人，唐代诗人。四库本"祜"作"祐"，今据《全唐诗》改。

[6] 好去宁鸡口：四库本"去"作"老"，今据《文苑英华》改。鸡口：低微之位，出《战国策》："宁为鸡口，无为牛后。"

【今译】

　　宋祁的诗："越蟹的丹螯味美，吴莼的紫线缠绕。"谢景初的诗："越人的习俗是嗜好海中之物，鳞片和甲壳之类每每有遗落。虾螺贝类的味道已经丰厚，况且还有蟹和蜞。"张祜的《归越》诗："这一去宁肯身居低微之位，加餐饭时能吃到蟹螯。"

楚蟹 [1]

　　苏栾城诗："楚蟹吴柑初着霜，梁园 [2] 高酒试羔羊。"韩子苍蟹诗："馋涎不避吴侬 [3] 笑，香稻兼尝楚客餐。"章甫诗："乃知楚人馋，不待秋霜熟。"

【今注】

[1] 楚蟹：楚地产的蟹。楚地本为春秋时楚国所在地，相当于今湖北、湖南一带，后来楚国也占有吴越故地，统一了南方。

[2] 梁园：西汉梁孝王刘武营造的规模宏大的皇家园林。

位于河南商丘。梁园是以邹阳、严忌、枚乘、司马相如等为代表的西汉梁园文学的主阵地。

[3] 吴侬：吴地自称曰我侬，称人曰渠侬、个侬、他侬。因称人多用侬字，故以"吴侬"指吴人。

【今译】

苏辙的诗："楚地的蟹、吴地的柑刚染了寒霜，就着梁园的高酒试一试羔羊。"韩子苍的蟹诗："流下馋涎不怕吴人嘲笑，一同品尝香稻与楚客的美餐。"章甫的诗："才知道楚人嘴馋，等不到秋霜蟹熟时。"

淮蟹 [1]

梅圣俞诗："淮南秋物盛，稻熟蟹正肥。"黄太史蟹诗："忆观淮南夜，火攻不及晨。"张文潜诗："遥怜涟水 [2] 蟹，九月已经霜。"

【今注】

[1] 淮蟹：淮河流域产的蟹。

[2] 涟水：即涟河，位于今江苏淮安。

【今译】

梅尧臣的诗："淮南的秋季物产繁盛，稻谷成熟，螃蟹正肥。"黄庭坚的蟹诗："回忆起观赏淮南的夜色，渔人执火诱蟹时还未到天亮。"张耒的诗："远远怜惜涟水的蟹，九月已遭受风霜。"

江蟹 [1]

许浑诗："江上蟹螯沙渺渺，坞 [2] 中蜗壳雪漫漫。"宋景文诗："秋水江南紫蟹生，寄来千里佐莼羹。"梅圣俞诗："年年收稻买江蟹，二月得从何处来。"陆放翁诗："山暖已无梅可折，江清独有蟹堪持。"注曰："蜀中惟嘉州有蟹。"又诗："今朝有奇事，江浦得霜螯。"

【今注】

[1] 江蟹：长江流域产的蟹。

[2] 坞：地势四周高而中间凹的地方。

【今译】

许浑的诗："江上的蟹螯像沙一样渺茫，坞中的蜗壳像雪一样广远。"宋祁的诗："江南的秋水中紫蟹孳生，寄到千里湖来搭配莼羹。"梅尧臣的诗："年年收稻谷时买江蟹，二月里的蟹是从哪里来的。"陆游的诗："山中回暖已没有梅花可折，江水清澈只有蟹可以把持。"注释说："四川惟有嘉州有蟹。"还有一首诗："今天早上有一件怪事，在江边捕捉到螯上带霜的蟹。"

湖蟹 [1]

淞苕 [2] 之蟹，太湖蟹也。陆放翁诗："尚无千里莼，那有镜湖 [3] 蟹。"又诗："团脐霜螯四腮鲈，尊俎芳鲜十载无。塞月征尘身万里，梦魂也复到西湖。"西湖蟹称天下第一。

潘天寿　秋蟹图

又诗："久厌膻荤愁下箸[4]，眼前湖上得双螯。"

【今注】

[1] 湖蟹：湖中出产的蟹，主要集中在太湖和西湖。

[2] 淞苕：淞陵（今江苏吴江）和苕霅（tiáo zhà，今浙江湖州），均在太湖之滨。

[3] 镜湖：即今鉴湖，位于浙江绍兴。

[4] 箸（zhù）：筷子。

【今译】

淞陵和苕霅一带的蟹，是太湖蟹。陆游的诗："还没有千里湖的莼菜，哪有镜湖的蟹。"还有诗："团脐、霜螯和四腮鲈，樽俎之间芳香鲜美，十年少有。身在万里之外看到边塞的月色和征尘，梦中也重回西湖。"西湖的蟹堪称天下第一。还有一首诗："长时间厌倦膻荤之物不愿动筷，眼下在湖上得到了双螯。"

溪蟹

《吴兴志》云："九月间，溪蟹大如碗，极称美。"张籍诗："越岭黄柑嫩，吴溪紫蟹肥。"东坡诗："溪边石蟹小如钱，喜见轮囷[1]赤[2]玉盘。"李商老诗："溪友提携紫蟹肥，形模郭索就羁縻[3]。"疏寮诗："山梅能摘索[4]，溪蟹更清癯[5]。"不言肥而言癯，可表溪蟹之隽。又诗："蟹生溪味爽，梅报野香疏。"

【今注】

[1] 轮囷（lún qūn）：盘曲的样子。

[2] 赤：四库本作"至"，据《苏轼诗集》改。

[3] 羁縻（jī mí）：笼络牵制。

[4] 摘索：搜索。

[5] 癯（qú）：瘦。

【今译】

《吴兴志》说："九月里，溪蟹像碗口一样大，极为鲜美。"张籍的诗："越岭的黄柑鲜嫩，吴溪的紫蟹肥硕。"苏轼的诗："溪边的石蟹小如铜钱，高兴地看它们盘曲着，像一只赤玉盘。"李商老的诗："溪上好友携来的紫蟹肥大，爬行的样子受到了牵制。"疏寮的诗："山中梅花已能探访到，溪里的螃蟹更加清瘦。"不说肥而说瘦，可以显示溪蟹的味美。还有一首诗："蟹生长在溪流中滋味清爽，梅花报知野外的花香已经寥落。"

潭蟹

陶商翁诗："远草牛羊动，暗潭虾蟹明。"

【今译】

陶商翁的诗："远处的草中有牛羊在动，昏暗的水潭里虾蟹明亮。"

渚[1] 蟹

　　宋景文诗："晨杯斗豉[2]江莼滑,夕俎供糖渚蟹肥。"

【今注】

[1] 渚（zhǔ）：水中的小块陆地。

[2] 豉（chǐ）：一种用熟的黄豆或黑豆经发酵后制成的食品。

【今译】

　　宋祁的诗："清晨的酒杯对着豆豉和滑腻的江莼,傍晚的刀俎间奉上糖与肥硕的渚蟹。"

李苦禅　秋味

泖蟹

三泖 [1] 属华亭 [2]，蟹大而美，人呼为泖蟹。

【今注】

[1] 三泖：即泖湖。位于上海松江西，有上、中、下三泖，因而称之为三泖。

[2] 华亭：松江的古称。

【今译】

泖湖归属于华亭，这里的蟹又大又鲜美，人们称之为"泖蟹"。

水中蟹

晋解系 [1] 与赵王伦 [2] 同讨叛羌，后伦以憾 [3] 收系兄弟，梁王彤 [4] 救之。伦曰："我于水中见蟹且恶，况此人轻我耶？"遂害之。《庄子·秋水篇》公子牟 [5] 曰："子独不闻夫坎井 [6] 之蛙乎？谓东海之鳖曰：'吾乐与！出 [7] 跳梁于井干之上，入休乎缺甃 [8] 之崖，赴水则接掖持颐 [9]，蹶泥则灭足没跗，还虷 [10] 蟹与科斗 [11]，莫吾能若也。'"《本草图经》曰："蟹生诸水中，取无时。"曾裘父诗："远及水中蟹，直以投菹醢 [12]。"谢幼盘诗："论功直与酒杯同，何事生涯在水中。"

【今注】

[1] 解系（？—300）：字少连，济南著县（今山东省济南市济阳区）人，西晋官员，历任中书黄门侍郎、散骑常侍、

雍州刺史、西戎校尉等职。后为赵王司马伦所杀，妻、子皆遇害。

[2] 赵王伦：即司马伦（？—301），字子彝，河内温县（今河南温县）人。司马懿第九子，西晋建立后，封赵王。迁征西将军，镇守关中。后逼迫晋惠帝退位，擅自称帝。后兵败退位，被赐死。

[3] 憾：旧恨。

[4] 梁王肜：即司马肜（？—302年），字子徽，河内温县（今河南温县）人。司马懿第八子，西晋建立后，受封梁王。司马伦篡位后，拜丞相，主持朝政。司马伦失势后，首先上表弹劾，导致司马伦被杀。

[5] 公子牟：即魏公子牟，战国时人。因封于中山，也叫中山公子牟。

[6] 坎井：废井，浅井。四库本作"井底"，今据《庄子》改。

[7] 出：四库本作"尔"，今据《庄子》改。

[8] 甃（zhòu）：砖砌的井壁。

[9] 接掖持颐：接触到腋窝，支撑着面颊。掖，同"腋"。

[10] 虷（hán）：井水中的红色小虫。

[11] 科斗：即蝌蚪。

[12] 菹醢（zū hǎi）：肉酱。

【今译】

晋代的解系和赵王司马伦共同讨伐羌人的叛乱，后来司马伦因为旧恨收押了解系兄弟，梁王司马肜前来搭救。司马伦说："我在水中看到螃蟹尚且厌恶，何况此人轻视我呢？"于是杀害了解系。《庄子·秋水篇》里的公子牟说："你没有听说过浅井里的青蛙吗？它对东海来的大鳖说：'我多么快乐！出去玩，就在井口的栏杆上蹦跳；回来就蹲在残破井壁的砖窟窿里休息；跳进水里，水刚好托着我的胳肢窝和面颊；踩泥巴时，泥深只能淹没我的两脚，漫到脚背上。回头看一看那些赤虫、螃蟹与蝌蚪一类的小虫，没有谁能跟我相比。'"《本草图经》说："蟹生长在水中，随时可以取得。"曾衮父的诗："远远波及水中的蟹，拿来做成了肉酱。"谢幼盘的诗："（蟹）论起功劳简直和酒杯等同，为什么它的生涯要在水中。"

石蟹 [1]

《本草图经》曰："伊洛水中有石蟹。"东坡诗："溪边石蟹小如钱。"曾文清诗："斫雪流膏乃如许，也容石蟹趁时新。"疏寮诗："翠惊苔影乱，蟹过石阴空。"又："秋兰临涧活，石蟹带霜饥。"又诗："蟹遨离罅 [2] 石，翠狖跋 [3] 枯莲。"又诗："沙清幽蟹露，树蔚野禽留。"僧颐 [4] 诗："石凉幽蟹过，枝脆雨蝉休。"幽蟹二字良佳。

【今注】

[1] 石蟹：一种生活在山溪里的红色小蟹，因栖居在水中的石头底下，故名石蟹。

[2] 罅（xià）：裂缝。

[3] 跂（qǐ）：抬起脚后跟站着。

[4] 僧颐（生卒年不详）：即永颐，字山老，号云泉，钱塘（今浙江杭州）人，南宋诗僧。

【今译】

　　《本草图经》说："伊水和洛水中有石蟹。"苏东坡的诗："溪边的石蟹小得像铜钱。"曾文清的诗："蟹肉雪白，膏脂流溢，也要容许石蟹及时出新。"疏寮的诗："翠鸟惊得苕草的影子凌乱，蟹走后石下的阴影空荡荡。"还有："临近山涧的秋兰显得活泛，带霜的石蟹腹中饥饿。"还有诗："蟹出去遨游离开了石缝，翠鸟亲昵跂脚站在枯莲上。"还有诗："沙岸清净幽蟹显露身形，树木茂密野鸟前来停留。"僧颐的诗："石块冰凉幽蟹走过，树枝清脆雨蝉休憩。"幽蟹这两个字很好。

潮蟹

　　陆放翁诗："潮壮知多蟹，霜迟不损[1]荞。"

【今注】

[1] 损：四库本作"换"，今据《陆游集》改。

【今译】

　　陆游的诗："潮水壮阔便知其中有许多蟹，寒霜迟晚就不会损伤荞麦。"

新蟹

温公诗："雁随斜柱弦随指，蟹荐新螯酒满船。"陆放翁诗："鲜鲈出网重兼斤，新蟹登盘大盈尺。"又诗："啄黍黄鸡嫩，迎霜紫蟹新。"又诗："溪女留新蟹，园公饷[1]晚瓜。"又诗："轮困新蟹黄欲满，磊落香橙绿堪摘。"又诗："半榼[2]浮蛆[3]初试酿，两螯斫雪又尝新。"

【今注】

[1] 饷：四库本作"饱"，今据《陆游集》改。

[2] 榼（kē）：盛酒的器具。

[3] 浮蛆：浮在酒面上的泡沫或膏状物。

【今译】

司马光的诗："大雁贴着斜柱，琴弦跟随手指，蟹献出新螯，酒坛装满了船。"陆游的诗："鲜美的鲈鱼出网重达数斤，新得的蟹登上盘子大可过尺。"还有一首诗："啄食黍子的黄鸡柔嫩，迎接寒霜的紫蟹崭新。"还有一首诗："溪上的女子留出了新蟹，园里的老翁饱餐了晚瓜。"还有一首诗："盘曲的新蟹蟹黄将要满溢，磊落的香橙绿了可以摘取。"还有一首诗："斟上半杯浮着泡沫的新酿，破开两螯剥出雪肉又可以尝新。"

早蟹

《本草图经》曰："今南方人捕蟹差早。"苏栾城诗曰：

沙蟹浙東之稱也閩中謂之𧒪蟹其形
𧒪也四季繁生之人醃藏而食其形橫
脊其色青黃不等其目長而細其螯白
而曲其行趫趬而不疾蟹中有名倚望
者東西顧睨行不四五歲以乏越望入
穴乃止今玩其足目泙無是歟吾欲軍
沙蟹之名而以倚望當之何如

　沙蟹贊

也土也水号獨稱沙
種類必繁運恒河車

聶璜　海错图之沙蟹

"白鱼紫蟹早霜前，有酒何须问圣贤。"张耒诗："早蟹肥堪荐，村醪[1]浊可斟。"

【今注】

[1] 醪（láo）：浊酒。

【今译】

《本草图经》说："如今南方人捕蟹比较早。"苏辙的诗说："早霜前的白鱼和紫蟹，再配上美酒何必过问圣贤。"张耒的诗："早蟹肥硕可以进献，村社浊酒可以斟满。"

老蟹

梅圣俞诗："老蟹饱经霜，紫螯青石壳。"又诗："秋叶萧萧蟹应老，忆昔共归江上初。"疏寮诗："相次西风吹蟹老，眼前且作鲙残[1]图。"又诗："大川足凫雁[2]，蟹老鱼亦老。"又诗："菊报香篘[3]熟，橙催宿[4]蟹肥。"宿字亦前人未用。

【今注】

[1] 鲙残：银鱼。

[2] 凫雁：野鸭与大雁。

[3] 篘（chōu）：原意是竹制的滤酒器具，此处代指酒。

[4] 宿：年老的。

【今译】

梅圣俞的诗："老蟹饱经风霜，紫色的螯、青石的壳。"

沈师正　蟹

还有一首诗："秋叶萧萧的时节蟹应该也老了，回忆起当初一起回到江上的情景。"疏寮的诗："西风次第吹来使蟹变老，眼前暂且谋求鲙残。"还有一首诗："大河之上满是野鸭和大雁，螃蟹老了，鱼也老了。"还有一首诗："菊花报知香醇的美酒已熟，橙子催促宿蟹变肥。"宿字也是前人没用过的。

螃蟹

《吴兴志》曰："十月雄，斗大虫[1]，谓蟹大而有力，亦曰螃蟹。"《周礼疏》曰："祭器以螃蟹为饰，施于祭用者也。"又曰："今之螃蟹，其仄行也。"日华子曰："螃蟹凉。"凉字宜入诗。元微之[2]诗："池清漉螃蟹，爪蠹[3]拾虾蟆。"毛友谢送螃蟹诗："沙头郭索众横行，岂料身归五鼎烹。"

【今注】

[1] 大虫：老虎。此处说的是大蟹能和老虎相斗。段成式《酉阳杂俎》："蟛蚏大者长尺余，两螯至强，八月能与虎斗，虎不如。"

[2] 元微之：即元稹（779—831），字微之，洛阳（今属河南）人，唐代诗人，北魏宗室鲜卑拓跋部后裔。元稹与白居易同科及第，共同倡导新乐府运动，世称"元白"，有《元氏长庆集》。

[3] 爪蠹（dù）：蛀蚀的瓜。

【今译】

《吴兴志》说："十月里的蟹雄壮，能和老虎争斗，说的是蟹大而且有力，也称作螃蟹。"《周礼疏》说："祭器是用螃蟹作为装饰，使用于祭祀的器具。"还说："如今的螃蟹，是侧着走的。"日华子说："螃蟹是凉性的。"凉字应当写到诗里。元稹的诗："清澈的池水滤出了螃蟹，蛀蚀的瓜里拾到了蛤蟆。"毛友的《谢送螃蟹》诗："沙滩上众多横行的螃蟹，岂能料到自己会被放到五鼎里面烹食。"

毛蟹 [1]

《海物志》曰："螃蟹曰毛蟹。"

【今注】

[1] 毛蟹：即中华绒螯蟹（俗称大闸蟹）的别称。

聂璜　海错图之毛蟹

【今译】

《海物志》说:"螃蟹即是毛蟹。"

活蟹

梅圣俞有《答吴正仲送活蟹》诗。见卷四。

【今译】

梅尧臣有一首《答吴正仲送活蟹》的诗。见卷四。

春蟹

梅圣俞诗:"年年收稻买江蟹,二月得从何处来。"

【今译】

梅尧臣的诗:"年年收稻谷时买江蟹,二月里的蟹是从哪里来的?"

夏蟹

吴越人采夏蟹曰芦根蟹,谓止食茭芦[1]根也。陶商翁诗:"芦根紫蟹团脐少,枫叶青鳊缩项来。"章甫诗:"今朝忽至前,郭索当炎伏[2]。也知楚人馋,不待秋霜熟。"疏寮诗:"夏蟹新中食,初菘脆入廇。"

【今注】

[1] 茭芦:即茭白,一种水生蔬菜。

[2] 炎伏:炎热的三伏季节。

[3] 齑（jī）：捣碎的姜、蒜、韭菜等调味品。

【今译】

　　吴越之人捕捉的夏蟹称作芦根蟹，说是只吃茭芦根的。陶商翁的诗："芦根下的紫蟹团脐很少，枫叶时节青蝙缩着脖子赶来。"章甫的诗："（蟹）今天忽然来到眼前，在炎热的伏天爬行。也知道楚人嘴馋，等不及秋霜蟹熟。"疏寮的诗："新得的夏蟹适于食用，脆嫩的白菜放到调料中。"

秋蟹

　　林和靖诗："水痕秋落蟹螯肥，闲过黄公酒食归。"宋景文诗："秋水江南紫蟹生。"梅圣俞诗："秋来鱼蟹不知数，秋叶萧萧蟹应老。"齐唐诗："身闲婚嫁毕，秋晚蟹螯肥。"赵善潼[1]《垂虹亭》诗："露垂晓橘金丸重，霜饱秋螯玉股肥。"疏寮诗："不是桂菊蟹，如何能好秋。"

【今注】

[1] 赵善潼（生卒年不详）：字南仲，明州（今浙江宁波）人，北宋诗人。四库本作"赵潼"，当属缺字。

【今译】

　　林和靖的诗："船行湖面划出道道波纹，深秋时节蟹螯正肥，闲时过访黄公，酒足饭饱而归。"宋祁的诗："江南的秋水之中紫蟹生成。"梅尧臣的诗："秋天到来时鱼和蟹不计其数，秋叶萧瑟之时蟹应已老。"齐唐的诗："婚嫁结束后身子得闲，蟹螯肥美时秋光已老。"赵善潼的《垂虹亭》诗："黎明时的橘上挂满露珠，'金丸'显得沉重，秋天的蟹螯饱经风霜，白玉般的腿肉肥腻。"疏寮的诗："没有桂、菊、蟹，怎么能算一个好秋天。"

霜蟹

宋景文诗："秋莼未下豉，霜蟹恣持螯。"梅圣俞诗："欲揽整白帽，酒壶及霜蟹。"又诗："老蟹饱经霜，紫螯青石壳。"刘贡父诗："霜蟹人人得，春醪盎盎[1]浮。"苏栾城诗："黄花簇短篱，霜蟹正堪持。"又诗："胜处旧闻荷覆水，此行犹及蟹经霜。"又："风高熊正白，霜落蟹初肥。"谢民师[2]诗："秋风鲙鲈丝，霜月持蟹螯。"俞紫芝诗："莫怪野人经宿住，白蘋霜落蟹螯肥。"陆放翁诗："霜蟹荐肥螯，丝莼小添豉。"

【今注】

[1] 盎：腹大口小的瓦盆。

[2] 谢民师：即谢举廉（生卒年不详），字民师，新淦（今江西新干）人，北宋诗人。

【今译】

宋祁的诗："秋日的莼菜还没放入豆豉，经霜的蟹恣意举着它的螯。"梅尧臣的诗："想要把持之时先整理白帽，酒壶和霜蟹（拿在手中）。"还有一首诗："老蟹饱经风霜，紫色的蟹螯、青石般的外壳。"刘贡父的诗："经霜的蟹人人可以获得，迎春的浊酒在盎中荡浮。"苏辙的诗："黄花簇拥短小的篱笆，经霜的蟹正可以把持。"还有一首诗："早听说那美好的地方有荷叶覆盖水面，这一趟还能赶上螃蟹经历秋霜。"还有一首："在大风中熊的皮毛正白，寒霜落时螃蟹刚肥。"谢民师的诗："秋风时节切鲈鱼丝，寒霜月夜手拿蟹螯。"俞紫芝的诗："不要怪村野之人整夜住在这里，白蘋落霜时蟹螯最肥。"陆游的诗："经霜的蟹献上肥美的螯，丝莼之中稍加一点豆豉。"

稻蟹

彭器资 [1] 诗："玉粒稻初熟，霜螯蟹正肥。"强至诗："溆 [2] 浪樯乌急，吴霜稻蟹肥。"又诗："木奴 [3] 竞熟饶千树，稻蟹初肥嗜二螯。"陆放翁诗："稻蟹泖 [4] 中尽，海气秋后空。"

【今注】

[1] 彭器资：即彭汝砺（1041—1095），字器资，饶州鄱阳（今江西鄱阳）人，北宋诗人。

[2] 溆（xù）：溆水，水名，在湖南。

[3] 木奴：即柑橘。

[4] 泖（mǎo）：水面平静的小湖。

齐白石　荷蟹图

【今译】

　　彭器资的诗："稻谷玉石般的颗粒刚成熟，螃蟹经霜的蟹螯恰好鲜肥。"强至的诗："溆水的波浪中桅杆上乌鸦急飞，吴地的寒霜里稻蟹已然肥硕。"还有一首诗："柑橘竞相成熟，丰饶了千棵树，稻蟹刚肥，偏嗜蟹的双螯。"陆游的诗："湖中稻蟹（因过了旺季而）踪迹已尽，秋后海上的气象便觉一空。"

乐蟹

　　吴人以稻秋蟹食既足，腹芒朝江为乐蟹。

【今译】

　　吴人把稻谷秋熟时已经吃饱、拿腹中的稻芒朝献江神的蟹为乐蟹。

冬蟹

　　《月令》曰："季冬行秋令，介虫为妖。"注曰："丑为鳖蟹。"孙真人[1]《月令》曰："十二月勿食蟹，伤神。"陆龟蒙诗："强作南朝风雅客，夜来偷醉早梅旁。"陆放翁食蟹诗："东崦[2]夜来梅已动，一樽芳酝[3]竟须携。"与大陆[4]意同，则是冬持螯矣。

【今注】

[1] 孙真人：即孙思邈（约581—682），京兆华原（今陕

88

西铜川）人，唐代医药学家、道士，被后人尊称为"药王"。

[2] 崦（yān）：泛指山。

[3] 芳酝：美酒。

[4] 大陆：此处指陆龟蒙。

【今译】

《月令》说："季冬时节施行秋季的政令，介虫就会带来灾害。"注释说："地支中的丑对应鳖和蟹。"孙思邈《月令》说："十二月不要吃蟹，会损耗精神。"陆龟蒙的诗："勉强做一回南朝的风雅客，夜里偷偷醉倒在早梅旁。"陆游的食蟹诗："东山的夜晚梅花已经萌动，酒樽中的美酒终要随身携带。"和陆龟蒙的意思相同，是冬日里手拿蟹螯了。

灯蟹

吴越及中都[1]以上元[2]时蟹为贵，谓之灯蟹。疏寮诗："风流夸老看元宵。"

【今注】

[1] 中都：南宋都城临安。

[2] 上元：即农历正月十五的元宵节。

【今译】

吴越和中都认为上元时的蟹珍贵，称之为灯蟹。疏寮的诗："风流倜傥最值得夸耀的，还得看元宵的蟹。"

沈师正　蟹

大蟹

震泽[1]渔者得蟹大如斗，老渔曰："鳖蟹之殊常者，必江湖之使[2]，烹之不祥。"乃纵之，横行水面，一里方没。陆放翁诗："蟹束寒蒲大盈尺，鲈穿细柳重兼斤[3]。"

【今注】

[1] 震泽：即今江苏太湖的别名。

[2] 江湖之使：江神湖神的使者。

[3] 斤：四库本作"行"，今据《陆游集》改。

【今译】

震泽的渔人捉到一只斗大的蟹，老渔夫说："鳖蟹中不同寻常的，必然是江神湖神的使者，烹了会遭遇不祥之事。"于是放掉，蟹横行在水面上，走了一里多才没下水面。陆游的诗："用蒲草捆着的蟹大可过尺，穿了细柳条的鲈鱼重达数斤。"

尺蟹

陆放翁诗："紫蟹迎霜径一尺，白鱼脱水重兼斤。"又诗："一尺轮囷霜蟹美，十分潋滟[1]社醅浓[2]。"又诗："白鹅作鲊[3]天下无，浔阳糖蟹[4]一尺余。"疏寮诗："砚八百年今懒进，蟹一尺大何能烹。"又诗："壮尺大贪持蟹匡，十分香怜破橙黄。"

【今注】

[1] 潋滟（liàn yàn）：水满溢的样子。

[2] 社醅香：四库本作"杜醅浓"，据《陆游集》改。社醅即村中酿制的酒。

[3] 鲊（zhǎ）：腌制的鱼或肉，可长时间贮存。

[4] 糖蟹：糖浆腌的蟹。

【今译】

陆游的诗："迎霜的紫蟹径宽一尺，脱水的白鱼重达数斤。"还有一首诗："一尺盘曲的霜蟹鲜美，十分满溢的村酿飘香。"还有一首诗："用白鹅做鲊天下少有，浔阳的糖蟹足有一尺多。"疏寮的诗："八百年的砚台如今懒于进身，一尺大的螃蟹如何能煮烹。"还有一首诗："壮硕的手臂贪婪地拿着蟹壳，十分怜惜地破开蟹黄。"

斤蟹

吴人以蟹及斤者为奇。陆放翁诗："黄柑磊落围三寸，赤[1]蟹轮囷可一斤。"

【今注】

[1] 赤：四库本作"尺"，据《陆游集》改。

【今译】

吴人把重达一斤的蟹当做奇物。陆游的诗："磊落的黄柑一圈三寸，盘曲的赤蟹重达一斤。"

王雪涛　海鲜

个蟹

《食疗》曰："八月前，每个蟹腹中稻谷一颗，输海神，遇八月即好。经霜更美。"

【今译】

《食疗》说："八月之前，每个蟹的腹中有一颗稻谷，输送给海神，到了八月便美好。经霜之后味更美。"

子蟹[1]

《海物志》曰："蟹之有子者曰子蟹。"孟诜曰："蟹子散诸热。"

【今注】

[1] 子蟹：有子的螃蟹。

【今译】

　　《海物志》里说："蟹当中有子的叫做子蟹。"孟诜说："蟹子能消散各类热症。"

紫蟹

　　李邦直[1]诗："紫蟹黄柑新酒熟，夜间船尾唱伊州。"张文潜诗："黄柑紫蟹见江梅，红稻白鱼饱儿女。"又诗："秋风五千里，碧蒇见紫蟹。"东坡诗："紫蟹鲈鱼贱如土，得钱相付何曾数。"裴若讷[2]诗："渔人借问去何处，白酒香甜紫蟹肥。"赵令畤[3]诗："紫蟹黄橙知有思，天教出向夜凉时。"疏寮诗："月洗黄芦雪，天生紫蟹秋。"

【今注】

[1] 李邦直：即李清臣（1032—1102），字邦直，魏县（今河北大名）人，北宋诗人。

[2] 裴若讷（生卒年不详）：武进（今属江苏）人，北宋诗人。

[3] 赵令畤（1061—1134）：初字景贶，苏轼为之改字德麟，宋太祖次子赵德昭玄孙，著有《侯鲭录》八卷。

【今译】

　　李邦直的诗："紫蟹和黄柑配上新酿的酒，夜晚在船

94

尾唱着伊州曲。"张耒的诗："黄柑和紫蟹遇到江梅，红稻和白鱼喂饱了一方儿女。"还有一首诗："秋风吹拂五千里，碧葭之上见到了紫蟹。"苏东坡的诗："紫蟹和鲈鱼便宜得像土，拿钱付账何曾数一数。"裴若讷的诗："渔人询问要到哪里去，（回答说）白酒香甜、紫蟹肥硕之处。"赵令畤的诗："紫蟹和黄橙也有心思，上天让它们出现在夜凉之时。"疏寮的诗："月光洗灌下的黄芦像是披了一层雪，上天生出紫蟹之时便是金秋。"

健蟹

黄太史诗："螳臂美兮当车 [1]，蟹螯强兮斗虎。"曾文清诗："横行足使斑寅惧，干死能令疟鬼亡。"陆放翁诗："芋肥一本可专车，蟹壮两螯堪敌虎。"疏寮诗："雁愁奔旧菊，蟹健敌新醪。"又诗："蟹与人同健，诗如酒怕陈。"又诗："笑逼花皆立，骚添蟹越遒。"又诗："最觉黄花如有意，却怜豪蟹欲相疏。"用遒字、豪字，强于健字。又诗："沙空擒逸蟹，泉熟煮寒青。"逸字亦未经用。又诗："菊才重九破，蟹却十分遨。"遨字又佳于逸字。

【今注】

[1] 螳臂美兮当车：四库本作"蚁臂怒兮专车"，据《山谷诗集》改。

【今译】

　　黄庭坚的诗："螳臂优美啊，敢于拦车，蟹螯强壮啊，要斗一斗老虎。"曾几的诗："横行（的蟹）足以令花斑猛虎畏惧，干枯的死蟹能让虐鬼逃走。"陆游的诗："肥大的山芋一棵就能独占一辆车，强壮的螃蟹两只蟹螯能够与老虎匹敌。"疏寮的诗："愁闷的大雁奔向旧日的菊花，健硕的螃蟹可敌新酿的美酒。"还有一首诗："蟹和人同样康健，诗像酒一样怕陈。"还有一首诗："欢笑声逼得花都立起，诗文配上螃蟹更加遒劲。"还有一首诗："强烈感到黄花似有开放之意，但却怜惜（秋日已深）大蟹就要远离我们。"使用遒字、豪字，比健字强。还有一首诗："空旷的沙滩上擒拿逃逸的蟹，泉水烧热熬煮寒凉的青壳。"逸字也是没人用过的。还有一首诗："菊到了重阳节才开放，蟹却已经到处遨游。"遨字又比逸字好。

生蟹

　　《济众方》曰："小儿头颅不合,用生蟹足骨捣敷。"

【今译】

　　《济众方》说："小孩的头颅不能闭合，用生蟹的腿骨捣碎外敷。"

鱼蟹

陆龟蒙诗："直至葭菼[1]少，敢[2]言鱼蟹肥。"黄亚夫[3]诗："菱芡[4]与鱼蟹，居人足来去[5]。"东坡词："渔父引饮谁家去，鱼蟹一时分付。"苏栾城诗："饮食从鱼蟹，封疆入斗牛[6]。"吕居仁诗："连年湖海病，未免鱼蟹罚。"陈琦[7]诗："活计鱼虾蟹，此事属渔舟。"疏寮诗："回舟指淞江，径奔鱼蟹海。"

【今注】

[1] 葭菼（jiā tǎn）：芦与菼。

[2] 敢：四库本作"歌"，据《甫里集》改。

[3] 黄亚夫：即黄庶（1019—1058），字亚夫，分宁（今江西修水）人，北宋诗人，黄庭坚之父，有《伐檀集》。

[4] 菱芡（líng qiàn）：菱角和芡实。

[5] 来去：四库本作"不"，据《伐檀集》改。

[6] 封疆入斗牛：此句出自苏辙《召伯埭上斗野亭》，斗野亭是位于扬州的一座古亭，因古人按天上星辰位置，把地面划分为十二个区域，叫做分野。斗野亭所在位置属斗分野，因此得名。

[7] 陈琦（1097—1158）：字国寿，建州建阳（今属福建）人，南宋诗人。

【今译】

陆龟蒙的诗："直到芦荻稀少之时，哪敢说鱼蟹鲜肥。"

黄亚夫的诗："菱芡和鱼蟹，在人脚下来来去去。"苏东坡的词："渔夫引领到谁家里去饮酒，鱼蟹一时发落处理。"苏辙的诗："饮食遵从鱼和蟹，所在疆域对应着斗和牛。"吕居仁的诗："连年来湖海多病，没能避免鱼蟹的惩罚。"陈琦的诗："生计在于鱼虾蟹，这种事属于渔舟。"疏寮的诗："回船向淞江出发，径直奔向鱼蟹的海洋。"

虾蟹　虾亦六跪两螯

　　虞预[1]《会稽典录》曰："吞舟之鱼，不唉虾蟹。"东坡诗："一鱼中刃万鱼惊，虾蟹奔忙误跳踯[1]。"胡澹翁诗："鲑鱼还抵店，虾蟹不论钱。"

【今注】

[1] 虞预（约285—340）：本名虞茂，字叔宁，会稽余姚（今浙江余姚）人，东晋史学家，著有《晋书》《会稽典录》等。

[2] 跳踯（tiào zhí）：上下跳跃。

【今译】

　　虞预的《会稽典录》说："能吞掉船的大鱼，不吃虾和蟹。"苏东坡的诗："一条鱼中了利刃，万条鱼受惊，虾和蟹奔忙着胡乱跳跃。"胡澹翁的诗："鲑鱼仍到达商店，买虾蟹不必考虑钱。"

蟹占

蟹宫 [1]

《天文录》曰："十二星有巨蟹宫。"黄太史诗："虽居天上三辰次,未免人间五鼎烹。"陆放翁诗："鱼长三尺催脍玉,蟹巨两螯仍斫雪。"用巨蟹本乎此,良佳。

【今注】

[1] 宫:四库本作"官",据《天文录》改。

【今译】

《天文录》说："十二星官当中有巨蟹宫。"黄庭坚的诗:"虽然位列天上的三辰次,没能避免人间的五鼎烹。"陆游的诗:"三尺长的鱼催人去做白玉般的脍,巨蟹两螯斫破后肉像霜雪。"使用巨蟹一词依据此处,很好。

蟹灾

《月令》曰："季冬行秋令,介虫为妖。"注曰："丑为鳖蟹。"《军略·灾篇》曰："地忽生蟹,当急迁砦栅 [1],不迁将亡。"《广五行记》曰："军行地无故生蟹,砦宜急移。鱼蟹之类,水失其性,则有此孽。"《抱朴子》曰："兵地生蟹者宜急移军。太乙 [2] 在玉帐 [3] 之中,不可攻也。"

徐渭 蟹鱼图（局部）

【今注】

[1] 砦栅（zhài zhà）：为防御而设的竹木栅栏等障碍物。

[2] 太乙：术数中的天神之位。

[3] 玉帐：主帅所在的军中帐篷。

【今译】

《月令》曰："季冬时节施行秋季的政令，介虫会带来灾害。"注释说："地支中的丑对应鳖和蟹。"《军略·灾篇》说："地上忽然生出蟹，应当赶紧迁移防御工事，不迁的话便将灭亡。"《广五行记》说："军队行进之地无缘无故生出螃蟹，栅栏应该紧急移走。鱼蟹之类，水迷失了其本性，便有这种灾孽。"《抱朴子》说："兵战之地生出螃蟹，应当抓紧移军。太乙的神位在玉帐之中，不可以攻打。"

蟹食

《国语》曰：越王[1]问范蠡[2]曰"今吴稻蟹食不遗种，伐其可乎？"《搜神记》："晋太康[3]中，会稽郡蟹皆为鼠食稻。"陶隐居曰："蟹食水莨有节。"陶商翁诗注曰："芦根与稻，蟹之所食。"

【今注】

[1] 越王（约前520—前465）：即越王勾践，姒姓，越王允常之子，春秋末年越国国君，春秋五霸之一。

[2] 范蠡（约前536—前448）：字少伯，春秋末期政治家，曾献策扶助越王勾践复国，后隐去。化名为鸱夷子皮，遨游于七十二峰之间。后定居于宋国陶丘，自号"陶朱公"，被后人尊称为"商圣"。

[3] 太康：晋武帝司马炎在位期间，消灭孙吴政权，统一中国，改年号为太康（280—289）。

【今译】

《国语》说：越王问范蠡"如今吴国的稻子被蟹吃得没剩下种子，可以去攻伐（吴国）吗？"《搜神记》记载："西晋太康年间，会稽郡的蟹都变成老鼠去吃稻子。"陶弘景说:"蟹吃水莨有节制。"陶商翁的诗注释说:"芦根和稻子,是蟹的食物。"

蟹漆

《淮南子》曰:"磁石引针,蟹脂败漆。"注曰:"置蟹漆中则漆败也。"《抱朴子》曰:"蟹之化漆,麻之坏酒,不可以理推也。"《博物志》曰:"蟹漆相合成水。"陶隐居曰:"投蟹漆中化水,饮之长生。"又见《神仙服食方》。

【今译】

《淮南子》说:"磁石能吸引铁针,蟹的膏脂能败坏生漆。"注释说:"将蟹放到漆里,漆就坏了。"《抱朴子》说:"蟹能化漆,麻能坏酒,不能用常理来推论。"《博物志》说:"蟹和漆放一起能变成水。"陶弘景说:"将蟹扔到漆里变成水,喝了可以长生不老。"又见于《神仙服食方》。

蟹鼠

《淮南万毕术》曰:"烧蟹致[1]鼠。"《淮南子》曰:"释大道而任小数,无以异于使[2]蟹捕鼠、蟾蜍捕蚤。"注曰:"以火灼蟹匡上,内置穴中,乃热足走穷穴,能捕二鼠。"又曰:"使蟹捕鼠必不得。"刘贡父画蟹诗:"捕鼠功岂具?"谢幼盘诗:"焚脐未用集鼠辈,椎髓方嫌太瘦生。"

齐白石　虾蟹

【今注】

[1] 致：招引。

[2] 使：四库本缺此字，据《淮南子》补。

【今译】

　　《淮南万毕术》说："烧蟹能招集老鼠。"《淮南子》说："放弃大道而委任小技，无异于用蟹去捕鼠、用蟾蜍去捉跳蚤。"注释说："用火灼烧蟹壳，放到鼠洞中，于是热蟹足走遍鼠穴，能捕到两只老鼠。"又说："用蟹捕鼠必然无所得。"刘贡父画蟹诗："用蟹捕鼠，岂能奏效？"谢幼盘的诗："焚烧蟹脐不是为了招集鼠辈，敲击骨髓才觉得太瘦。"

蟹乱

　　吴语曰："虾荒蟹乱。"[1]

【今注】

[1] 虾荒蟹乱：指的是虾蟹泛滥形成灾害，吴人认为虾预示着荒欠，蟹预示着兵乱。

【今译】

　　吴地的俗语说："虾荒蟹乱。"

蟹略卷三

蟹贡

献蟹

《汲冢周书·王会篇》曰："成王[1]时,海阳[2]献蟹。"

【今注】

[1] 成王:即周成王姬诵(?—前1021),姬姓,名诵,周武王姬发之子,母邑姜(齐太公吕尚之女),西周王朝第二位君主。成王继位之时,年纪尚幼,由皇叔周公旦摄政,平定三监之乱。周成王亲政后,营造新都成周,还命周公东征,扩大了疆域。

[1] 海阳:海水之阳,其具体位置说法不一,有扬州、潮州、嘉应等说法。

【今译】

《汲冢周书·王会篇》中说:"周成王时,海阳进献了蟹。"

供蟹

刘聪[1]以襄陵王摅[2]坐鱼蟹不供被诛。

【今注】

[1] 刘聪(?—318):十六国时期汉赵皇帝,本名刘载,

匈奴铁弗部，帮助父亲刘渊建国，拜大司马、大单于。后发动政变，夺权即位。在位期间制造永嘉之乱，覆灭西晋王朝。后期疏离朝政，纵情声色，妄行杀戮。

[2] 襄陵王摅：即襄陵王刘摅。

【今译】

刘聪因为襄陵王刘摅坐拥鱼蟹而不供应便杀死了他。

贡蟹

韩子苍《糖蟹》注曰："旧说平原[1]岁贡糖蟹。"黄太史蟹诗："谁知扬州贡，此物真绝伦。"

【今注】

[1] 平原：治所在今山东平原县。

【今译】

韩子苍《糖蟹》诗的注释说："旧时的说法认为平原年年进贡糖蟹。"黄庭坚的蟹诗："谁人知道扬州的贡品，这东西真是无与伦比。"

登蟹

陈克[1]诗："小楫登[2]鱼蟹，平原聚乌乌。"

【今注】

[1] 陈克（1081—1137）：字子高，自号赤城居士，临海（今属浙江）人，两宋之交的诗人。

沈铨　传胪图

[2] 登：获取。

【今译】

　　陈克的诗："小船获取鱼蟹，平原聚集乌乌。"

禁蟹　取蟹

　　《本草》曰："蟹取无时。"《三国典略》曰："齐王[1]禁取蟹蛤之类，惟许捕鱼。"沈立[2]为两浙漕，奏罢鱼蟹之征[3]。

【今注】

[1] 齐王：北齐开国皇帝高洋（529—559），字子进，鲜卑名侯尼于，原籍渤海蓨县（今河北景县）。

[2] 沈立（1007—1078）：字立之，和州历阳（安徽和县）人，北宋水利学家。

[3] 征：税收。

【今译】

　　《本草》说："可随时捕蟹。"《三国典略》说："齐王禁止捕捉蟹蛤之类，只允许捕鱼。"沈立做两浙漕运使，上奏罢免鱼蟹的税赋。

孝蟹

　　田彦升[1]奉母孝，母嗜蟹，远市于苏雪[2]之间，熟之以归。杨行密[3]将田颢[4]兵暴至，人皆窜避馁[5]死，独

彦升挈囊负母，竟以蟹免。时以为孝报。古者有孝鱼、有
孝泉，今表以孝蟹云。

【今注】

[1] 田彦升：据傅肱《蟹谱》载，田彦升是唐朝末年的杭
州农夫。

[2] 苏霅：苏州和湖州。

[3] 杨行密（852—905）：唐末群雄之一，后封吴王，割
据江东。

[4] 田頵（858－903）：字德臣，庐州合肥（今属安徽）人。
唐末吴王杨行密部下大将，曾任宁国节度使。四库本作"硕"，
今据《蟹谱》改。

[5] 馁（něi）：饥饿。

【今译】

　　田彦升侍奉母亲极为孝顺，母亲喜欢吃蟹，（他就）
远赴苏州、湖州之间购买，做熟以后带回来。杨行密的部
将田硕带兵突然来到，人们都逃窜避灾而饿死，唯独田彦
升提着行囊背着母亲，竟然因为螃蟹而免于一死。当时的
人认为这是孝顺的善报。古时候有孝鱼、有孝泉，如今要
记载为孝蟹。

遗蟹

　　《张敞[1]集》：朱登[2]为东海相，遗敞蟹，报书曰："蘧

人面蟹　十九世纪外销画

伯玉 [3] 受孔子之赐，必及乡老。敞谨分斯觊 [4] 于尊行者，何敢独烹之。"梅圣俞诗："姚江遗鱼蟹，稽山奉笋蕨。"

【今注】

[1] 张敞（？—公元前 48）：字子高，河东平阳（今山西临汾）人。祖父张孺为上谷太守，父张福事汉武帝，官至光禄大夫。张敞以太中大夫事宣帝，官终豫州刺史。

[2] 朱登：生平不详，与东汉时的朱登并非一人。

[3] 蘧伯玉：即蘧瑗（生卒年不详），姬姓，蘧氏，名瑗，

字伯玉，大夫蘧无咎之子。春秋时期卫国大夫，封内黄侯，是孔子的朋友。

[4] 贶（kuàng）：赠送。

【今译】

《张敞集》有载：朱登身为东海相，送蟹给张敞，张敞回信说："蘧伯玉收到孔子的礼物，必然分给乡亲。我要郑重地将这份馈赠分给行为高尚的人，哪敢独自烹煮。"梅尧臣的诗："姚江送来鱼和蟹，稽山奉献笋与蕨。"

送蟹

梅圣俞谢人送蟹诗："幸与陆机还往熟，每分吴味不嫌猜。"曾裘父蟹诗："故人怜我贫，走送[1]不待买。"陆放翁诗："客送轮囷霜后蟹，僧分磊落社前[2]姜。"

【今注】

[1] 走送：婚嫁日，女家送亲人将新娘送至男家门前即返回，谓之"走送"。

[2] 前：四库本作"中"，据《剑南诗稿》改。

【今译】

梅尧臣的谢人送蟹诗："有幸和陆机相熟，每当分享吴地风味时不会猜忌。"曾裘父的蟹诗："老朋友怜悯我清贫，走送时不必去买蟹。"陆游的诗："客人送来盘曲的霜后蟹，僧人分发堆积的社前姜。"

买蟹

梅圣俞诗："年年收稻买江蟹，二月得从何处来。"疏寮诗："多买潮来蟹，催烹带得鱼。"

【今译】

梅尧臣的诗："年年收稻谷时买江蟹，二月里的蟹是从哪里来的。"疏寮的诗："多多购买潮水带来的蟹，催促烹煮时要带上鱼。"

烹蟹

张敞以蟹分于尊者，不敢独烹。梅圣俞诗："邀饮奉醪醴[1]，案杯[2]烹蟹螯。"王初寮糟蟹诗："烹不能鸣渠幸

毛利梅园　石蟹、螃蟹

112

生，含糊终作醉乡行。"韩子苍蟹诗："海上奇烹不计钱，枉教陋质上金盘。"疏寮诗："近涧取白水，初筥烹石蟹。"

【今注】

[1] 醪醴（láo lǐ）：甘浊的酒。

[2] 案杯：佐酒、下酒。

【今译】

张敞把蟹分给尊长，不敢独自烹食。梅尧臣的诗："邀客饮酒奉上醪醴，下酒时烹煮蟹螯。"王初寮的糟蟹诗："烹煮时不能鸣叫岂是侥幸偷生，稀里糊涂终于去往醉乡一行。"韩子苍的蟹诗："海上的奇特烹饪不计银钱，白白让资质粗陋之物摆上金盘。"疏寮的诗："从近处的山涧里取来白水，就着刚过滤的酒烹煮石蟹。"

煮蟹

《御食经》有煮蟹法。谚曰："百无使解，烧汤煮蟹。"谢幼盘诗："不使落汤频下箸。"正此谓也。陶商翁诗："落成[1]序嘉宾，煮蟹脍溪鲈。"疏寮诗："天差鹤管烹茶水，风夹花吹煮蟹烟。"

【今注】

[1] 落成：宫室建成时举行祭礼。

【今译】

《御食经》中有煮蟹的方法。谚语说："百般无计能解，便是烧了热汤煮蟹。"谢幼盘的诗:"不想让它落到汤里供人们频频下筷。"说的正是这个道理。陶商翁的诗:"祭礼上排列嘉宾,煮蟹时细切溪鲈。"疏寮的诗:"上天派遣仙鹤负责烹煮茶水,风里夹着花吹向煮蟹的轻烟。"

熟蟹

见前田彦升孝母,远市蟹,煮熟以归。陶商翁诗:"蟹螯红熟鲻鱼活,此兴重来未有时。"

【今译】

见前面的田彦升孝敬母亲,到远处去买蟹,煮熟了带回来。陶商翁的诗:"煮熟的蟹螯彤红,鲻鱼鲜活,这番兴致再来不知要到何时。"

斫蟹

东坡诗:"半壳含黄宜点酒,两螯斫雪劝加餐。"陆放翁诗:"披绵[1]黄雀曲糁[2]美,斫雪紫蟹柑橙香。"

【今注】

[1] 披绵:脂厚。

[2] 曲糁(shēn):酒糟。

【今译】

苏东坡的诗:"半只壳包含蟹黄应当配一点酒,两只蟹螯破开的雪肉劝人加餐。"陆游的诗:"脂厚的黄雀和酒糟一起味美，肉质白嫩的紫蟹和柑橙同样清香。"

持蟹

皮日休诗："病中无用双螯处，寄与夫君左手[1]持。"宋元宪诗："左手螯初美，东篱菊尚[2]开。"宋景文诗："下箸未休资快嚼，持螯有味散朝酲[3]。"又诗："蟹味持螯日，鲂甘抑鲊天。"晏元献诗："蟹螯今在左，愿拍酒池浮。"王岐公[4]诗："谁共危楼凌爽气，右持樽酒左持螯。"东坡诗："主人有酒岂独辞，蟹螯何不左手持。"又诗："定烦左手持新蟹，谩绕东篱嗅落英。"汪彦章[4]诗："寒无蟹螯持，犹觉非故园。"李商老诗："却笑思鲈脍，应须持蟹螯。"疏寮诗："蟹才逢毕卓，酒不了刘伶。"又诗："小山花落渠如别，右手螯香我欠肥。"又诗："折得花相伴，消渠酒拍浮。"又诗："未教剪初韭，全如持左螯。"又诗："雁老已忘苏武节，蟹危犹爱毕郎奇。"此方是用事，可以掩群作矣。

【今注】

[1] 左手：指的是东晋毕卓左手持蟹。

[2] 尚：四库本作"向"，据《元宪集》改。

[3] 朝酲（chéng）：隔夜醉酒早晨酒醒后仍困惫如病。

[4] 王岐公：即王珪（1019—1085），字禹玉，华阳（今四川成都）人，北宋诗人，封岐国公，故又称王岐公，有《华阳集》。

秦古柳　钱松岩　菊黄蟹肥图

[5] 汪彦章：即汪藻（1079—1154），字彦章，饶州德兴（今属江西）人，南宋诗人，有《浮溪集》。

【今译】

皮日休的诗："身在病中用不到双螯，寄给朋友左手把持。"宋庠的诗："左手的蟹螯刚有了美味，东篱下的菊花还在开放。"宋祁的诗："不停下筷子以供快嚼，把持有滋味的蟹螯解散宿醉。"又有诗："品尝蟹味手持蟹螯的日子，鲂鱼的甘美压过咸鱼的时节。"晏殊的诗："如今蟹螯拿在左手，（我）愿意在酒池中游浮。"王岐公的诗："有谁和我一起去高楼上直面清爽之气，右手拿酒杯，左手拿着蟹螯。"苏东坡的诗："主人有酒难道只能推辞，蟹螯为何不在左手把持。"又有诗："定是烦忧左手把持新蟹，随意绕着东篱嗅闻落花。"汪彦章的诗："天寒没有蟹螯可供把持，仍然觉得这里不是故园。"李商老的诗："还笑有人思念鲈鱼片，应当手中把持蟹螯。"疏寮的诗："螃蟹刚遇到毕卓，酒却不理解刘伶。"还有诗："小山上的花落了像是在告别，右手上蟹螯香美，而我还嫌不够肥。"还有诗："折到花朵相伴，消磨（时间）在那酒池中游浮。"还有诗："没有让人剪下新韭，全都去用左手把持蟹螯。"又有诗："大雁老去已忘记苏武的符节，螃蟹临危还爱惜毕卓的清奇。"这才是引用典故，可用来盖过众人的作品了。

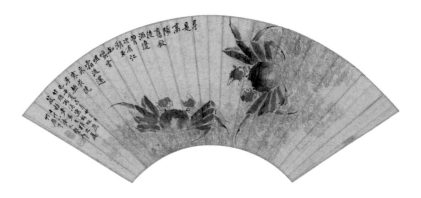

张槃　双蟹图

把蟹

　　杜诗："二螯堪把持。"晏元献诗："未暇南浮海，何妨右把螯。"宋景文诗："对把蟹螯何处酒，橙齑[1]莼菜此时美。"苏魏公[2]诗："盘丰介象[3]脍，手把毕生螯。"东坡诗："书空[4]渐觉新诗健，把蟹行看乐事全。"汪彦章诗："左手蟹螯行可把，新醅早晚定堪持。"黄太史诗："此中亦有无弦意，相对樽前把蟹螯。"齐唐诗："春波池上揩[5]琴荐[6]，秋月桐阴把蟹螯。"吕居仁诗："渐须把蟹螯，慎莫贷鸡肋。"陆放翁诗："何由共杯酒，把蟹擘黄柑。"

【今注】

[1] 橙齑（jī）：橙子酱。

[2] 苏魏公：即苏颂（1020—1101），字子容，原籍泉州同安（今属福建厦门），北宋中期宰相，杰出的天文学家、天文机械制造家、药物学家，后追封魏国公。著有《本草图经》《新仪象法要》等。

[3] 介象：三国时东吴方士介象有异术，能于庭中掘池贮水，钓得海中鲻鱼。

[4] 书空：用手指在空中虚划字形。

[5] 搘（zhī）：同"支"，支撑。

[6] 琴荐：用布袋填充沙子做的琴垫。

【今译】

　　杜甫的诗："两个蟹螯可以把持。"晏殊的诗："没有闲暇去南方海上漂浮，用右手持蟹螯又有何妨。"宋祁的诗："面对面拿着蟹螯（呼叫）何处有酒，橙子酱和莼菜这时候最鲜美。"苏颂的诗："盘中满是介象的鱼脍，手里把持毕卓的蟹螯。"苏东坡的诗："空中虚划渐觉新诗清健既成，把持螃蟹且看欢乐之事齐全。"汪彦章的诗："左手可以拿着蟹螯，新酿的酒早晚一定能把持。"黄庭坚的诗："这里面也有无弦素琴的含意，面对面坐在酒杯前把持蟹螯。"齐唐的诗："春波荡漾的池塘上支起琴垫，秋月投下的桐阴里把持蟹螯。"吕本中的诗："渐渐需要把持蟹螯，千万不要谋求鸡肋。"陆游的诗："因何共饮一杯酒？把持螃蟹，剥开黄柑。"

擘蟹 [1]

陆龟蒙诗："相逢便倚蒹葭 [2] 宿,更唱菱歌擘蟹螯。"范忠宣公 [3] 诗："堆盘白玉鲈鱼美,手擘黄金蟹壳肥。"陆放翁诗："尖团擘双蟹,丹漆钉 [4] 山梨。"又诗："蟹黄旋擘馋涎堕,酒渌初倾老眼明 [5]。"又诗："挑灯剩欲开书帙 [6],擘蟹时须近酒船。"

【今注】

[1] 擘蟹:剥蟹。

[2] 蒹葭(jiān jiā):芦苇。

[3] 范忠宣公:即范纯仁(1027—1101),字尧夫,谥忠宣,北宋名臣范仲淹次子,有《范忠宣公集》。

[4] 钉(dìng):贮存食物。

[5] 四库本作"蟹螯暂擘馋涎堕,渌酒初倾瓮眼"微明",据《陆游集》改。

[6] 书帙:书籍的外套,亦泛指书籍。

【今译】

陆龟蒙的诗："相互遇见就倚着芦苇过夜,还要唱着菱歌剥开蟹螯。"范纯仁的诗："白玉般的鲈鱼堆在盘中十分鲜美,黄金般的蟹壳用手破开肉质肥嫩。"陆游的诗："掰开尖脐团脐两只蟹,红漆盘里存放山梨。"还有一首诗："蟹螯暂且剥开,馋涎落下,美酒刚倾尽酒瓮,眼前微见光明。"还有一首诗："拨动灯火颇想打开书本,破开螃蟹时应当靠近酒船。"

啖蟹　食蟹

蔡谟[1]渡江，不识蟛蜞[2]，以为蟹而啖[3]之。梅圣俞诗："食蟹易美粳易饱[4]。"

【今注】

[1] 蔡谟（281—356）：字道明，陈留郡考城（今河南民权）人。东晋时期重臣，曹魏尚书蔡睦曾孙。其渡江见蟛蜞事见《世说新语》。

[2] 蟛蜞（ péng qí）：蟛蜞是淡水产小型蟹，又称磨蜞、螃蜞。

[3] 啖（ dàn）：吃。

[4] 粳易饱：四库本缺此三字，据《梅尧臣集编年校注》补。

【今译】

蔡谟渡江时，不认识蟛蜞，认为是蟹便吃了。梅尧臣的诗："吃蟹易获得美味，吃粳米易饱。"

蟹馔[1]《本草图经》云："今人以蟹为食品之佳味。"佳味二字良佳。此汇也以存古，非有意于馔也。序曰：蟹箴其此义乎？然昌黎[2]联句有曰："楚腻[3]鳣鲔[4]乱，獠羞[5]螺蟹并。"以为獠羞，则冤矣。元微之诗："官醪半清浊，夷馔杂腥膻。"夷馔即獠羞也。至若何曾[6]有《食疏》[7]，弘君举[8]有《食檄》，皆不可以为法。

【今注】

[1] 馔（zhuàn）：饮食。

[2] 昌黎：即韩愈（768—824），字退之，河南河阳（今河南孟州）人，自称郡望昌黎，世称昌黎先生，唐代文学家，唐宋八大家之一。有《韩昌黎集》四十卷，《外集》十卷。

[3] 楚腻：楚地的美味。

[4] 鳣鲔（zhān wěi）：鳣，鲟鳇鱼。鲔，鲟鱼。

[5] 獠羞：獠泛指南方少数民族，又称獠子。羞通"馐"，獠羞即獠子的珍馐。

[6] 何曾（199—278）：原名何谏，字颖考，陈国阳夏（今河南太康）人。曹魏太仆何夔之子，西晋时拜太尉兼司徒，迁太宰兼侍中，封朗陵公。奢侈无度，讲究饮食，著有《食疏》，今佚。

[7] 食疏：四库本缺"疏"，据晋何曾有《食疏》改，见《南齐书》卷三十七《虞悰传》。

[8] 弘君举：晋代人，生平不详，著有《食檄》，今佚。

【今译】

　　《本草图经》说："如今的人把蟹当做食品中的佳味。"佳味两个字很好。这是汇编，为了保存古事，并非着意于饮食方面。序说：蟹的箴诫难道是这个意思吗？然而韩愈有联句说："楚人的美味是鳣鲔杂乱，獠人的珍馐是螺蟹并陈。"把蟹称作獠羞，却是冤枉了。元稹的诗："官酿半清半浊，夷馔夹杂腥膻。"夷馔便

朱屺瞻　蟹肥花香

是獠羞。至于何曾著有《食疏》，弘君举著有《食檄》，都不能当作法则。

洗手蟹[1]　酒蟹[2]

东坡赋[3]云："蟹微生而带糟[4]。"今人以蟹沃之盐酒，和以姜橙。是蟹生，亦曰洗手蟹。东坡诗"半壳含黄宜点酒"即此也。宋景文诗："曲长溪舫远，宴暮酒螯香。"黄太史诗："解缚[5]华堂一座倾，忍堪支解见香橙。"王初寮诗："熟点醯[6]姜洗手生，樽前此物正施行。哺糟[7]晚出尤无赖，尚有馋夫染指争。"陆放翁诗："披绵珍鲊经旬熟，斫雪双螯洗手供。"

【今注】

[1] 洗手蟹：活蟹剖开处理后加调料，立即可食者。

[2] 酒蟹：即醉蟹。用酒浸渍的螃蟹。

[3] 东坡赋：四库本作"黄太史赋"，此句出自苏东坡《老饕赋》，非黄庭坚所作。

[4] 生而带糟：四库本作"糟而带生"，据《苏诗文集》改。

[5] 解缚：解开捆缚，指的是捆蟹之绳。

[6] 醯（xī）：醋。

[7] 哺糟：饮酒。

【今译】

　　苏东坡的赋说："蟹要和酒糟蒸得稍微生些吃。"现在的人把蟹浇上盐酒，掺了姜和橙。这种蟹是生的，也称作洗手蟹。苏东坡的诗"半壳蟹黄正适合配点酒"即是此物。宋祁的诗："曲子悠长，溪上船舫遥远，宴近薄暮，酒浸的蟹螯清香。"黄庭坚的诗："（为蟹）解开捆缚，华堂之中满座倾倒，怎忍看（它）被肢解后接触香橙。"王初寮的诗："熟蟹蘸醋姜洗手蟹生，酒樽前此物正在施行。饮酒时迟迟才出现尤其无聊，还有馋人插手来争。"陆游的诗："脂厚肥美的咸鱼经过十天成熟，斫破雪肉的双螯洗手奉供。"

蟹蝑 [1]　盐蟹 [2]

《周礼注》曰："蟹醢也。"《唐韵》曰："盐藏蟹。"又曰："蝑亦盐藏也。"《本草图经》曰："蟹蝑味咸，性寒，有毒。食疗之蟹，以盐淹之作蝎 [3]。"崔德符 [4] 诗曰："团脐紫蟹初欲尝，染指腥盐还复辍。"陶商翁诗："玉版 [5] 淡鱼千片白，金膏盐蟹一团红。"

【今注】

[1] 蟹蝑（xū）：蟹做的酱。

[2] 盐蟹：腌制的蟹。

[3] 蝎（xiè）：即蟹蝑。

[4] 崔德符：即崔鷗（1058—1126），字德符，祖籍雍丘（今河南杞县），北宋诗人。

[5] 玉版：即鳣鱼。

【今译】

《周礼注》说："蟹蝑即是蟹醢。"《唐韵》说："用盐储藏蟹。"又说："蝑也是用盐储藏的。"《本草图经》说："蟹蝑味道咸，药性寒凉，有毒性。用于食疗的蟹，拿盐腌了叫做蝑。"崔德符的诗说："团脐的紫蟹刚要尝鲜，染在指上的腥盐令人连连停辍。"陶商翁的诗："玉版的淡鱼千片雪白，金膏的盐蟹一团鲜红。"

蟹馐 [1]

蟹醢之类，惟松苕 [2] 间精乎此。曾裘父诗："远及水中蟹，直以投菹醢。"

【今注】

[1] 蟹馐：四库本作"蟹馐"，疑即"蟹馐"之误。意为蟹的珍馐，此处指蟹酱。

[1] 松苕：亦即淞苕，指的是淞陵和苕霅。

【今译】

蟹醢之类，惟独吴江和湖州一带精于此道。曾裘父的诗："远远波及水中的蟹，拿来做成了肉酱。"

蟹羹 [1]

宋景文诗："秋水江南紫蟹生，寄来千里佐吴羹。"疏寮《誓蟹羹》诗："年年作誓蟹为羹，倦不能支略放行。"

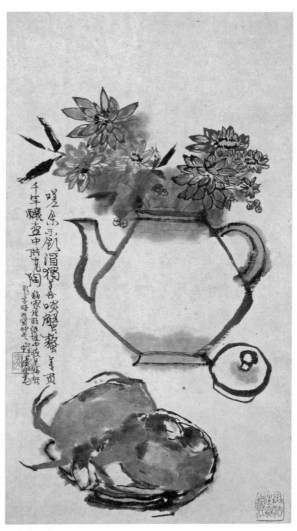

程十发　蟹

【今注】

[1] 蟹羹：用蟹肉为主料做成的汤。

【今译】

　　宋祁的诗："江南的秋水中紫蟹孳生，寄到千里湖来搭配莼羹。"疏寮的《誓蟹羹》诗："年年发誓要做蟹羹，（总是因）倦怠不能应付而（把蟹）放行。"

糟蟹 [1] 糟法：茱萸一粒置脐中，经年不沙。

　　东坡赋云："蟹微生而带糟。"苏魏公诗："右把卮酒 [2] 左持螯，慷慨酣歌藉曲糟。"王初寮诗："醉死扬家 [3] 郭索生，此曹 [4] 平日要横行。"谢幼盘蟹诗："不使洛阳频下箸 [5]，终令骨醉奈春风。"章甫蟹诗："藉糟行万里，醉死甘为戮。"疏寮糟蟹诗："啜醨 [6] 正自强持酒，众醉如何敢独醒。"

【今注】

[1] 糟蟹：用酒糟腌制的蟹。

[2] 卮酒：指酒杯。

[3] 扬家：四库本作"杨家"，应指的是西汉扬雄，见扬雄《太玄》："蟹之郭索，后蚓黄泉。"

[4] 此曹：此辈，此等。

[5] 洛阳频下箸：指的是西晋丞相何曾，骄奢淫逸，侈靡成性，尤好美食，《晋书》说他"食日万钱，犹曰无下箸处"。

洛阳，指的是何曾的府邸位于西晋国都洛阳。下箸：下筷。

[6] 醨（lí）：薄酒。

【今译】

　　糟制方法：茱萸一粒放到蟹脐中，经过一年也不会变沙。

　　苏东坡的赋说："蟹要和酒糟蒸得稍微生些吃。"苏颂的诗："右手拿着酒杯，左手持蟹螯，慷慨酣畅放歌全凭酒曲、酒糟。"王初寮的诗："郭索爬行的蟹醉死在扬雄家，此辈平时要横行。"谢幼盘的蟹诗："没有让洛阳的何曾频频下箸，终于使骨骸迷醉，奈何春风。"章甫的蟹诗："借着酒糟行至万里，醉死之后甘心遭到屠戮。"疏寮的糟蟹诗："正勉强拿着酒杯啜饮，众人皆醉我怎么敢独自清醒。"

糖蟹

　　《南史》：何胤侈于食味，去其甚者，犹有糖蟹，使门人议之。钟峤[1]云："蟹之将糖，躁扰[2]弥甚。仁人用意，深怀恻怛[3]。"《地志》云："青州贡糖蟹。"宋景文诗："讼矢间乡犴[4]，糖螯佐寿杯。"黄太史诗："海馔糖蟹肥，江醪白蚁[5]醇。"苏舜卿[6]诗："霜柑糖蟹新醅美，醉觉人生万事非。"韩子苍糖蟹诗："只讶平原[7]驿使稀，不嗔彭泽[8]寄来迟。劝君莫以无肠故，忍见纷纷躁扰时。"注曰："旧说平原岁贡糖蟹。"此可为蟹箴矣。谢幼盘诗："变相惊蝲蛦[9]异，将糖嫌蟹躁。"

丰子恺　秋饮黄花酒

【今注】

[1] 钟岏（生卒年不详）：南朝梁颍川长社（今河南长葛西）人，字长岳，钟嵘之兄。官至府参军、建康令，著有《良吏传》。

[2] 躁扰：没有规则地乱动。

[3] 恻怛（cè dá）：对受苦难的人表示同情，心中不忍。

[4] 讼矢间乡犴：四库本作"讼失闲卿犴"，据《景文集》改。
讼矢：诉讼。乡犴（àn）：乡间的牢狱，引申为诉讼之所。

[5] 白蚁：酒中的白色泡沫。

[6] 苏舜卿：即苏舜钦（1008—1049），字子美，梓州铜山（今
四川中江）人，北宋诗人，有《苏舜钦集》。

[7] 平原：今山东平原县，曾有糖蟹为贡品。

[8] 彭泽：今江西九江，产蟹。

[9] 蜩异：指的是蛤蜊的异形。古人认为蛤蜊是麻雀变化
而来的。

【今译】

《南史》记载：何胤的饮食奢侈浪费，去掉其中比较严
重的，还有糖蟹，让门人来讨论。钟岏说："蟹刚放到糖中，
挣扎躁动尤其厉害。仁人君子的内心，是深怀恻隐不忍的。"
《地志》说："青州进贡糖蟹。"宋祁的诗："诉讼的是非在
于乡间牢狱，糖制的蟹螯陪伴祝寿的酒杯。"黄庭坚的诗：
"海上的美食有嫩肥的糖蟹，江畔的美酒有香醇的白沫。"
苏舜卿的诗："霜柑和糖蟹加上新酿的美酒，醉后便觉得人
生万事皆非。"韩子苍的糖蟹诗："只惊讶于平原县的驿使
稀少，不能嗔怪彭泽县寄来的蟹太迟。奉劝您不要因为无
肠的缘故，便忍心见它们在糖中纷纷挣扎。"注释说："旧
时说平原县每年进贡糖蟹。"这可看作是蟹的规诫。谢幼盘
的诗："惊异于蛤蜊的变形，嫌忌蟹入糖时的焦躁。"

蟹齑 [1]

　　吴人齑橙 [2]，全济蟹腥，韩昌黎诗所谓"芼 [3] 以椒与橙，腥臊始发越 [4]"也。蒋颖叔《松江亭》诗："品待秋风鲈味美，重来桂玉 [5] 啜齑橙。"此明言橙齑也。白乐天 [6] 诗："老去齿衰嫌橘醋。"橘醋二字极佳。崔骃《七依》[7]曰："酢以越裳 [8] 之梅。"梅酢对橙齑为佳，未有人用也。陆放翁诗："醯酱点橙齑，美不数鱼蟹。"邵迎 [9] 诗："盐豉调羹金液腻，橙齑荐鲙玉丝肥。"疏寮诗："笋早趋禽腹，橙香适蟹齑。"又诗："莼逢鲈始服，橙入蟹偏香。"

【今注】

[1] 齑（jī）：原意是指捣为碎末的姜、蒜、韭菜等调味品，此处指的是橙汁，用橙汁破解蟹的腥味，并有提香提鲜的功效。

[2] 齑橙：捣碎橙子作汁。

[3] 芼（mào）：采摘，此处指调和。

[4] 发越：散发。

[5] 桂玉：指京师。戴埴《鼠璞》："马存字长游，谓子游京师，薪如束桂，米如裹玉，世以桂玉之地为京师。"

[6] 白乐天：即白居易（772—846），字乐天，号香山居士，唐代诗人，有《白氏长庆集》传世，代表诗作有《长恨歌》

《琵琶行》等。

[7] 崔骃《七依》：四库本作"枚乘《七发》"，当属误记，《七发》中并无此句。崔骃（yīn，？—92）：字亭伯，涿郡安平（今河北安平）人，东汉文学家。

[8] 越裳：亦作"越常"，古南海国名。

[9] 邵迎（？—1073）：字茂诚，高邮（今属江苏）人，北宋诗人，有诗集四卷。

【今译】

　　吴人捣碎橙子，解除蟹的腥气，即韩愈的诗所说的"调和花椒和香橙，腥臊之气才发散出去"。蒋颖叔的《松江亭》诗："待到秋风起时品尝鲈鱼的美味，再来京师品啜齑橙。"这里明说是橙齑。白居易的诗："老来牙齿衰落，嫌恶橘醋。"橘醋两个字很好。崔骃的《七依》说："用越裳国的梅子做醋。"梅酢对橙齑为好，没有人用过。陆游的诗："醯酱点上橙齑，美味不亚于鱼蟹。"邵迎的诗："盐豉调配的羹汤金液滑腻，橙齑进献鱼鲙玉丝嫩肥。"疏寮的诗："竹笋早生趋入禽鸟之腹，橙子清香适合蟹齑。"又有诗："莼菜遇到鲈鱼才顺服，橙子放到蟹里偏有清香。"

蟹黄 [1]

　　《游京录》云："京师买蟹黄包绝胜。"《岭表录异》曰："广人取蟹，内膏如黄酥 [2]，加以五味，和壳熇 [3] 之。"张佑 [4]

诗："蟹黄盐满箸,熊白[5]软加笾[6]。"黄太史诗："长安千门雪,蟹黄熊有白。"韩子苍诗："君家自有甔石[7]储,蟹黄熊白能俱设。"李商老诗："食蟹贵抱黄,食鱼先腹腴。"谢幼盘诗："端为怀黄取蟹烹,岂因多足恣傍横。"

【今注】

[1] 蟹黄:螃蟹体内的卵巢和消化腺,橘黄色,味鲜美。

[2] 内膏如黄酥:四库本作"肉膏如黄苏",据《岭表录异》改。

[3] 煔(chè):用火烧烤。

[4] 张佑:宋代诗人,生平不详。

[5] 熊白:熊脂,是熊科动物黑熊或棕熊的油脂。

[6] 笾(biān):盛放果实、干肉等的竹编食器。

[7] 甔(dān)石:少量的粮食。

【今译】

《游京录》说:"京师买的蟹黄包无与伦比。"《岭表录异》说:"广州人捕到的蟹,里面的膏像黄酥,加上五味调料,连壳一起在火上烤。"张佑的诗:"蟹黄加盐,夹满筷子,熊脂柔软,放进竹笾。"黄庭坚的诗:"长安千家万户落了雪,蟹有黄,熊脂有白。"韩子苍的诗:"您家自有少量粮食存储,蟹黄和熊白都有陈设。"李商老的诗:"吃蟹贵在先吃黄,吃鱼要先吃腹部的丰腴处。"谢幼盘的诗:"到底是为了惦记蟹黄而拿蟹来烹,难道是因为(它们)多足又恣意横行。"

蟹饆饠[1]

《岭表录异》云："以蟹黄淋以五味，蒙以细面为饆饠，珍美可尚。"

【今注】

[1] 饆饠（bì luó）：亦作"毕罗"，是一种包馅的面制点心。乃从少数民族地区传入，始于唐代。唐代长安的长兴坊有胡人开的饆饠店，有蟹黄饆饠、樱桃饆饠、天花饆饠等。

【今译】

《岭表录异》说："用蟹黄淋上五味调料，蒙上细面做成饆饠，珍馐美味值得推崇。"

蟹包[1]

陆放翁诗："蟹馔牢丸[2]美，闻人茂德[3]言《饼赋》中所谓牢丸，今包子是。鱼煮鲙残香。"疏寮蟹包诗："妙手能夸薄样梢，桂香分入蟹为包。也知不枉持螯手，便是持螯亦草茅[4]。"

【今注】

[1] 蟹包：用蟹做的包子。

[2] 牢丸：见束皙《饼赋》"四时从用，无所不宜，唯牢丸乎"。牢丸的解释不一，有包子、蒸饼、汤团等说法，此处从包子之说。

唐云　黄花时节蟹初肥

[3] 闻人茂德：人名，"闻人"是复姓。四库本作"闻人封德"，据《老学庵笔记》改。

[4] 草茅：未出仕的平民。

【今译】

　　陆游的诗："蟹的美食中牢丸最美，闻人茂德说《饼赋》中所说的牢丸，即是今天的包子。鱼肉烹煮的鲙残最香。"疏寮的蟹包诗："可以夸耀妙手做出薄薄的尖梢，桂花香气分到蟹里做或蟹包。也知道不应枉费拿着蟹螯的手，即便手持蟹螯也仍然是一介平民。"

蟹饭

　　李颀[1]诗："炊饭[2]蟹螯熟，下箸鲈鱼鲜。"疏寮诗："蟹豪留客饭，芎[3]细约僧茶。"

【今注】

[1] 李颀（690—751）：河南颍阳（今河南登封）人，唐代诗人。曾任新乡县尉，后辞官归隐于颍阳，有《李颀集》。

[2] 炊饭：煮饭。

[3] 芎（xiōng）：多年生草本植物，羽状复叶，白色，果实椭圆形。产于四川和云南，草有香气，地下茎可入药。

【今译】

　　李颀的诗："煮饭时蟹螯熟了，下筷时鲈鱼鲜美。"疏寮的诗："螃蟹豪横，留客吃饭，芎草纤细，邀约僧人饮茶。"

勤蟹產廣東合浦粤人謝汝輿

為予圖於赤城其背足多刺

勤蟹贊

披堅執銳原是蟹類

更有勤軀還如刺蝟

聶璜　海错图之勤蟹

蟹牒 [1] 陶隐居：“蟹类最多。”类字虽可采，目系曰牒。

【今注】

[1] 蟹牒：蟹的牒谱，也即系统记述蟹类的书。

【今译】

　　陶弘景说：“蟹的类目最多。”类字虽然可取，目次系统叫做牒。

蟳蜅

　　《明越风物志》云：“蟳蜅，并螯十足，生海边泥穴中。大者曰青蟳，小者曰黄甲。”陈藏器《本草》云：“蟳蜅随潮退壳，一退一长。”日华子曰：“蟳蜅性冷，无毒，解热气。”陈藏器云：“治小儿闷痞 [1]。”《岭表录异》云：“螯足无毛，两小足薄而阔，谓之拨棹子。”《埤雅》曰：“蟳蜅两螯至强，能与虎 [2] 斗。”柳子厚 [3] 诗：“蟳蜅愿亲燎，荼菫 [4] 甘自薅 [5]。”欧阳公 [6] 诗：“为我办酒肴，罗列蛤与蜅。”东坡蟳蜅诗：“溪边石蟹小如钱，喜见轮囷赤玉盘。半壳含黄宜点酒，两螯斫雪劝加餐。蛮珍海错闻名久，怪雨腥风入座寒。堪笑吴兴馋太守，一诗换得两尖团。”郑毅夫 [7] 诗：“正是西风吹酒熟，蟳蜅霜饱蛤蜊肥。”疏寮诗：“老蟹自应强隽逸，壮蜅还只象膏粱 [8]。”又诗：“斫雪蟳蜅鲙，生香茉莉杯。”曾文清诗：“使君 [9] 领客未经旬，更以蟳蜅作小

139

春^[10]。"

【今注】

[1] 闷痞：即中医所说的痞满之症，由于脾胃功能失调，升降失司，胃气壅塞，出现以脘腹满闷不舒的症状。

[2] 虎：四库本作"豹"，据《埤雅》改。

[3] 柳子厚：即柳宗元（773—819），字子厚，河东（今山西运城）人，唐代文学家，"唐宋八大家"之一，有《河东先生集》。

[4] 荼堇（tú jǐn）：四库本作"荼熏"，据《柳河东集》改。荼、堇均为野菜名。

[5] 薅（hāo）：用手拔掉。

[6] 欧阳公：即欧阳修（1007—1072），字永叔，号醉翁，晚号六一居士，庐陵永丰（今江西永丰）人，北宋文学家，"唐宋八大家"之一。曾主修《新唐书》，并独撰《新五代史》，有《欧阳文忠集》。

[7] 郑毅夫：即郑獬（1022—1072），字毅夫，号云谷，江西宁都人，北宋诗人，有《郧溪集》三十卷。

[8] 膏粱：肥美的食物。

[9] 使君：汉代称呼太守、刺史为使君，汉以后用做对州郡长官的尊称。

[10] 小春：农历十月，亦称"小阳春"。

聂璜　海错图之蟳蚎

【今译】

　　《明越风物志》说："蟳蚎，连同蟹螯共有十只脚，生在海边的泥洞里。大的叫做青蚚，小的叫做黄甲。"陈藏器的《本草》说："蟳蚎随着潮水退壳，退壳一次便生长一次。"日华子说："蟳蚎的药性冷，没有毒，能化解热气。"陈藏器说："治疗小儿闷痞之症。"《岭表录异》说："螯和脚没有毛，有两只小脚薄而宽阔，称之为拨棹子。"《埤雅》说：

141

"蝤蛑的两螯很强壮，能和老虎争斗。"柳宗元的诗："蝤
蛑愿意亲自被火燎烤，茶菫甘愿自己被拔起。"欧阳修的诗：
"为我置办酒肴，罗列蛤蜊和蝤蛑。"苏东坡的蝤蛑诗："溪
边的石蟹小如铜钱，高兴地看它像一只赤玉盘一样盘曲着。
半只壳包含蟹黄应当配一点酒，两只蟹螯破开的雪肉劝人
加餐。蛮子的珍馐海错闻名已久，怪雨和腥风吹入座中便
觉体寒。可笑吴兴的馋嘴太守，用一首诗换了两只尖团蟹。"
郑獬的诗："正当西风吹得酒熟之时，经霜的蝤蛑饱满，蛤
蜊嫩肥。"疏寮的诗："老蟹自然应当雄强、俊秀和飘逸，
壮硕的蛑也只是肥美食物。"还有诗："斫破雪白的蝤蛑鱼
鲙，生出香味的茉莉茶杯。"曾几的诗："使君领来客人还
没经过一旬，又拿蝤蛑来过一回小春。"

蟳

《明越风物志》曰："蝤蛑大者曰青蟳。"《晋安记》云：
"蝤蛑断物若芟[1]，如牟[2]焉。又曰武蟳。"《本草图经》云：
"蟳随潮退壳，一退一长。其力至强，能与虎[3]斗，虎不能
胜。"洪玉父[4]诗："丹荔荐盘惊北客，赤蟳供馔识南州。"
疏寮诗："豆蔻雨分霁，翠蟳雪炊香。"又诗："蟳肥和雪鲙，
梅早夹春笋。"又《富次律送蟳》诗："鳞甲错夏物，怀青莫
如蟳。苏公今张华[5]，何微不知音。入手巨螯健，斫雪隽
莫禁。宛然如玠[6]辈，曾是秉玉心。蟹因龟蒙杰，酒与毕

其一
山君傳是獸之王斂跡潛身入蟹匡從此
渡河浮海去知無苛政到遐荒

其二
頳狗丹青畫未真如何介骨全神虎威
莫怪狌狸假公子無腸也效顰

其三
有目眈眈視四方雄心收拾殼中藏把來
掌上隨人玩不假紫衣誇色黃

其四
席變非徒據大人也教郭索振凡塵隨潮
湧入龍宮裡會際風雲出隱淪

虎蟳贊
懸門斷瘧必涌入秦
兕雖見畏不哤人亨

聶璜　海錯圖之虎蟳

143

郎深。二者不可律，食之当酌斟。"

【今注】

[1] 芟（shān）：割草，引申为除去。

[2] 牟：谋求，侵夺。

[3] 虎：四库本作"豹"，据《本草纲目》改。

[4] 洪玉父：即洪炎（1067—1133），字玉父，南昌（今属江西）人，北宋诗人，有《西渡集》。

[5] 苏公今张华：苏公，送蟹的人。张华（232—300），字茂先，范阳郡方城县（今河北固安）人。著有中国第一部博物学著作《博物志》，被视为博物君子的典范。

[6] 玠（jiè）：玉圭，古代的礼器。

【今译】

《明越风物志》说："蟛蜞大的叫做青蚶。"《晋安记》说："蟛蜞切断东西像割草，如同有所求，又叫武蚶。"《本草图经》说："蚶随着潮水退壳，退壳一次就生长一次。其力量特别强，能和老虎争斗，老虎不能取胜。"洪炎的诗："丹荔摆在盘中惊动了北地客，赤蚶做成美味，令人识得南州。"疏寮的诗："豆蔻在雨中映衬出霁色，青蚶在雪后炊饭飘香。"还有诗："肥硕的蚶子掺和雪白的鱼鲙，早开的梅花夹杂春日的酒笞。"还有《富次律送蚶》诗："鳞甲错杂的夏日风物，心怀青翠的莫过于蚶。苏公堪称今世的张华，（不论）多么微小之物，有什么是他不知道的呢。拿到手中的巨螯强健肥硕，破开雪肉的美味（叫人）难自禁。仿佛如同圭玉之辈，曾经是有秉持玉润之心的。蟹凭借陆龟蒙而出众，美酒和毕卓的情谊最深。这二者不可以约束，吃蟹的时候应该酌酒满斟。"

蟛蜞

《世说》云：蔡司徒[1]过江，见蟛蜞，大喜曰："蟹有八足，加以两螯。"令烹之。既食，委顿吐下，方知非蟹。后向谢仁祖[2]说此事，谢曰："卿读《尔雅》不熟，几为《劝学》误。"《尔雅》曰"螖蠌[3]，小者蟧[4]"，即蟛螖[5]也，似蟹而小。按蟛蜞小蟹，文似螖，所谓螖蠌者也。蔡谟不精于大小，食而至于毙，故曰"读《尔雅》不熟"。陶隐居曰："蟛蜞生海边，似蟛蟚而大，似螖而小。"皮日休蟹诗："族类分明连蜽蜡[6]，形容好个似蟛蜞。"宋景文蟹诗："定知不作蟛蜞误，曾厕西都学士名。"李商老诗："大嚼故应羞海镜[7]，嗜甘乃误食蟛蜞。欲将磊落惭《尔雅》，委顿深怜蔡克儿[8]。"陶商翁诗："蠢困发嬉笑，蟛蜞生呕泄。"

【今注】

[1] 蔡司徒：即蔡谟。

[2] 谢仁祖：即谢尚（308—357），字仁祖。陈郡阳夏（今河南太康）人。东晋时期名士，豫章太守谢鲲之子、太傅谢安从兄。

蟛蜞江浙皆產撤黑叢毛其狀醜惡不亥庖廚食之
令人作嘔所以爾雅不熟候唉遺羞蔡謨前車已鑒
往哲此呂亢譜諸蟹獨位置蟛蜞於末賤之也惡之
也非有所取也然闽廣蟛蜞又可食往往醃沒以市
山鄉南荒邊海物性變易又自如此可為陬爾雅者
作圍外註

蟛蜞贊
不讀爾雅
候食蟛蜞
闽廣不然
物理之奇

聶璜　海错图之蟛蜞

[3] 蝟蛒（huá zé）：《尔雅·释鱼》"蝟蛒，小者蟧"，郭璞注曰"即彭蝟也，似蟹而小"。

[4] 蟧（láo）：按《尔雅》所说，小个的蝟蛒叫做蟧。

[5] 蟛蜎（péng huá）：一种蟹，比蟛蜞小。

[6] 蟪蛣（suǒ jié）：一种蚌，体内常有小蟹寄生。

[7] 海镜：贝类动物名，《岭表录异》："海镜，广人呼为膏叶盘。两片合以成形，壳圆，中甚莹滑，日照如云母光，内有少肉如蚌胎。腹中有小蟹子，其小如黄豆，而螯足具备。海镜饥，则蟹出拾食，蟹饱归腹，海镜亦饱。"

[8] 蔡克儿：即蔡谟。蔡谟的父亲名蔡克，故曰蔡克儿。

【今译】

　　《世说新语》说：蔡司徒过江时，看见了蟛蜞，大喜道："蟹有八只脚，加上两个螯。"命人烹煮。已经吃完，疲困呕吐，才知道不是蟹。后来对谢尚说起这件事，谢说："你读《尔雅》不熟，几乎被《劝学》贻误。"《尔雅》说"小的蝟蛒叫做蟧"，即是蟛蜎，像蟹但却小。按：蟛蜞是小蟹，花纹像蝟，所谓的蝟蛒便是。蔡谟不熟悉大小，吃了竟至于仆倒，所以说"读《尔雅》不熟"。陶弘景说："蟛蜞生在海边，像蟛蚎却比它大，像蝟却比它小。"皮日休的蟹诗："种族类别分明连同蟪蛣，形状容貌真像蟛蜞。"宋祁的蟹诗："定然知道不应有蟛蜞的失误，也曾厕身于西都学士的虚名。"李商老的诗："大嚼本应使海镜感到羞愧，喜好美味便误吃了蟛蜞。上吐下泻实在愧对《尔雅》，深深怜悯委顿不振的蔡谟。"陶商翁的诗："蠢笨盘曲令人发出嬉笑，蟛蜞吃了容易上吐下泻。"

蟛蜞

《尔雅》云："蟧蜂小者蟧力刀反。"郭璞[1]曰："即蟛蜞也。膏可涂癣。"《埤苍》曰："蟧，螺属。"或曰即蜂也，似蟹而小。海人曰："彭蜞，辣螺[2]所化，蜞又化为蝉。"《中华古今注》云："彭蜞，小蟹也。"小蟹二字亦佳。《岭表录异》曰："吴越间以盐藏货之。"《晋书》曰："夏统[3]孝，海边拾彭蜞以资养。"刘冯[4]《事始》曰："世传汉醢彭越[5]赐诸侯，英布[6]不忍视之，覆江中，化此，故曰'彭越'。"白居易诗："乡味珍彭越，时鲜煮鹧鸪。"张祜诗："漓漓[7]穿芦叶，彭蜞上竹根。"章甫诗："外事添蛇足，余生嚼越螯。"

【今注】

[1] 郭璞（276—324）：字景纯。河东郡闻喜县（今山西闻喜）人。两晋时期文学家、训诂学家。郭璞自幼博学多识，曾为《尔雅》《山海经》《穆天子传》等古书作注，明人辑有《郭弘农集》。

[2] 辣螺：一种海螺，口味辛辣，故名。

[3] 夏统（生卒年不详）：字仲御，会稽永兴（今浙江萧山）人，西晋时期有名的孝子。

[4] 刘冯：指的是唐代刘孝孙和五代后蜀的冯鉴，这二人分别作《事始》和《续事始》。

[5] 彭越（？—前196）：砀郡昌邑（今山东巨野）人。西汉王朝开国功臣。秦朝末年在魏地举兵起义，后来率兵归顺刘邦，拜魏相国，封建成侯，协助刘邦赢得楚汉之争，与韩信、英布并称汉初三大名将。后获得谋反罪名，诛灭三族，据说被剁成肉酱，分给诸侯王品尝。

[6] 英布（？—前195）：九江郡六县（今安徽六安）人，秦末汉初名将。早年坐罪，受到黥刑，俗称黥布。辅佐刘邦打败项羽，建立汉朝，封为淮南王，与韩信、彭越并称汉初三大名将。韩彭被杀后，心生畏惧，起兵反叛，兵败被杀。

[7] 鸂鶒（xī chì）：一种水鸟，形似鸳鸯而稍大，多紫色，雌雄偶游，亦称"紫鸳鸯"。

【今译】

　　《尔雅》说："蝪蚄小的叫做螃力刀反。"郭璞说："即是螃蝪。膏脂可以涂在癣上。"《埤苍》说："螃，螺类。"有人说即是蜂，像蟹却比它小。海边的人说："彭蜞，是辣螺所变，蜞又变化为蝉。"《中华古今注》说："彭蜞，是小蟹。"小蟹两个字也很好。《岭表录异》说："吴越一带用盐贮藏售卖。"《晋书》说："夏统孝顺，在海边捡拾彭蜞来供养老人。"刘孝孙和冯鉴的《事始》说："世人传言汉高祖

擁劍其螯一巨一細巨者如橫刀之在身故曰擁劍
俗名遮羞蓋以大螯常掩眼前也雌者兩螯皆小惟雄
者一巨一細耳呂亢之譜次橫桿而先蟛蜞重武偽
歟四言之贊不足以盡更為之作傳
郭汾陽後有佳公子博學書硯：豪放不羈能為青白
眼口善罵雄黄人物而身無長技向蚰學書性苦蹀未
能逐兔從事學書竟不成其父兄族堂蓋介士也曰
螳執斧而蜣弄丸螢懸燈而蛛布網皆能執一技以
成名大丈夫安事毛錐或乃勃然學劍公子欣然
披重鎧佩干將時就公孫大娘舞而技日益進將門
子掌書雖未成時扼擁劍又不成也得卒業遂終其
身以擁劍名

擁劍蟹贊
經營四方勇力方剛
撫劍疾視彼惡敢當

聂璜　海错图之拥剑

把彭越做成肉酱分赐给诸侯，英布不忍心看，倾倒入江中，变成此物，所以叫‘彭越’。”白居易的诗："乡间野味中彭越最为珍贵，时令鲜食里首选烹煮鹕鸫。"张祜的诗："鹈鹕穿过芦叶，彭蜞爬上竹根。"章甫的诗："身外之事犹如画蛇添足，剩余的生命里且咀嚼彭越的螯。"

拥剑 [1]

　　《唐韵》曰："拥剑若蟹。"《古今注》云："一名执火，以其螯赤也。"《本草图经》："一螯大，一螯小者，名拥剑。"陶隐居曰："拥剑似蟛蜞而大，似蟹而小。"

【今注】

[1] 拥剑：即招潮蟹，两螯大小不一，因其大螯利如剑，故名。

【今译】

　　《唐韵》说："拥剑像蟹。"《古今注》说："另一个名字叫执火，因为它的螯是红色的。"《本草图经》载："一只螯大、一只螯小的蟹，名字叫做拥剑。"陶弘景说："拥剑，像蟛蜞却比它大，像蟹却比它小。"

桀步 [1]

　　《海物志》曰："蟛蜞一种曰桀步。"《埤雅》曰："蜞横行谓之桀步。"

【今注】

[1] 桀步：《闽中海错疏》称之为"揭哺子"，《临海水土异物志》称之为"竭朴"，一般认为桀步是拥剑的别名。因其横行无忌，步伐像夏代的昏君桀一样嚣张，故名。

【今译】

　　《海物志》说："蟛蜞的一种叫做桀步。"《埤雅》说："蟛蜞横行称之为桀步。"

江蛥 [1]

《唐韵》曰："蛥若蝤蛑，生海中，今广潮间有蛥干。"
《本草图经》曰："阔壳而多黄者名蠘 [2]，生南海。"

【今注】

[1] 江蛥（xué）：蟹的一种，似蝤蛑，生于海中。

[2] 蠘（jié）：梭子蟹。

【今译】

　　《唐韵》说："蛥像蝤蛑，生在海中，如今广州潮州一带有蛥干。"《本草图经》说："宽阔的壳而且蟹黄多的叫做蠘，生在南海。"

蓳 [1]

　　《广韵》曰："蓳若蟹，生海中。"

【今注】

[1] 蓳（jié）：形似蟹，体长一寸左右，呈细杆状，胸部有脚七对，腹部退化，生活在海洋藻类上。

【今译】

　　《广韵》说："蓳像蟹，生长在海中。　"

虮 [1]

　　《唐韵》曰："虮，蛤属，若蟹。"

聂璜 海错图之膏蟹

【今注】

[1] 虬（wù）：古书中的一种贝类。

【今译】

　　《唐韵》曰：“虬，蛤蜊之类，像蟹。”

虾 [1] 普流反。

　　《玉篇》云：“虾若蟹，十二足 [2]。”又出郭璞《江赋》。

【今注】

[1] 虾（fóu）：水虫名。郭璞《江赋》：三蝬虾江。

[2] 十二足：四库本作“二足”，据《玉篇》补。

【今译】

　　《玉篇》说：“虾像蟹，十二只脚。”还出现在郭璞的《江赋》。

153

蛴蟆[1] 上方布反，下布莫反。

《玉篇》曰："觜[2]蟹也。"

【今注】

[1] 蛴蟆（fǔ bó）：小蟹。

[2] 觜（zuǐ）：段玉裁认为觜即"头上毛似角者也"。四库本作"角"，据《玉篇》改。

【今译】

《玉篇》说："是觜蟹。"

鲔[1] 以水反。一曰他果反。

《唐韵》曰："蟹子也。"《海物志》曰："有子者曰子蟹。"

【今注】

[1] 鲔（tuǒ）：蟹的幼虫。

【今译】

《唐韵》说："是蟹子。"《海物志》说："有子的蟹叫做子蟹。"

蟹牒二

海蟹　缸蟹　母蟹　赤蟹　红蟹　白蟹[1]

《海物志》云："蜑俗呼曰蟹。经霜，有膏曰赤蟹，无膏曰白蟹。海人以卤盐之，曰缸菹。"《岭表录异》曰："有赤母蟹，又有红蟹，即赤蟹也。秀之华亭^[2]，亭林湖^[3] 近顾野王^[4]宅，天圣^[5]间忽生白蟹，一年而绝。"苏栾城诗："奉亲鱼蟹无临海，退食琴书有定庵。"胡澹翁诗："赤鱼白蟹何足数，风味未可松江鲈。"陆放翁诗："蟹白鱼肥初上市，轻舟无数去乘潮。"

【今注】

[1] 海蟹：海中生长的蟹。缸蟹：指的是放在缸中腌制的蟹。母蟹：雌性的蟹。赤蟹：有膏的蟹。红蟹：红色的蟹。白蟹：无膏的蟹。

[2] 秀之华亭：秀州的华亭县，即今上海。

[3] 亭林湖：位于上海的大湖。

[4] 顾野王（519—581）：原名顾体伦，字希冯，吴郡吴县（今江苏苏州）人。南朝梁陈间训诂学家、史学家。因仰慕西汉冯野王，更名为顾野王，长期居于亭林（今属上海金山），人称顾亭林。

[5] 天圣：宋仁宗赵祯使用过的年号，1023—1032 年。

【今译】

　　《海物志》说："菹俗称叫蟹。经过霜打，有膏的叫做赤蟹，没有膏的叫做白蟹。海边人用盐卤腌制，叫做缸菹。"《岭表录异》说："有赤母蟹，又有红蟹，即是赤蟹。秀州的华亭县，有一个亭林湖，靠近顾野王的旧宅，北宋天圣

红蟹
十九世纪外销画

白蟹
十九世纪外销画

年间忽然生出白蟹，过了一年就绝迹了。"苏辙的诗："想用鱼蟹奉养亲人却不靠海，回来以琴书为食，有一间固定的书斋。"胡澹翁的诗："红鱼和白蟹哪里能计数，风味未必可以像松江的鲈鱼。"陆游的诗："白蟹和肥鱼刚刚上市，就有无数的轻舟去迎潮捕捉。"

蝴蛄 [1]

郭璞《江赋》曰："蝴蛄腹蟹，水母 [2] 目虾 [3]。"《松陵集》注曰："蝴蛄似蜯 [4]，有一小蟹在腹中，为蛄 [5] 出求食，蟹或不至，蛄馁死。淮海呼为蟹奴。"皮日休诗："蟹奴晴上临潮 [6] 槛，雁婢秋随过海船。"梅圣俞诗："一开明月腹，中有小碧蟹。"即此也。

【今注】

[1] 蝴蛄：四库本作"江蟹"，条目与前重复，标为"蝴蛄"似更恰当。蝴蛄是一种寄生在贝类当中的小蟹，今称为豆蟹。

[2] 水母：漂浮在海中的无脊椎浮游生物，伞状，有触手。

[3] 目虾：虾寄生在水母当中，古人认为水母无目，由虾来充当其眼目。

[4] 蜯（bàng）：同"蚌"，贝类软体动物。

[5] 蛄：四库本作"蝴蛄"，据《松陵集》改。

[6] 潮：四库本作"湘"，据《松陵集》改。

蠟蛣非海月也產廣東海濱白沙中性最
潔不染泥淖其形如蚌青黑色長不過二
三寸有兩肉鬚如蜓小蟹常在其腹每出
取食蟹飽則蠟蛣亦肥郭璞謂蠟蛣腹蟹
葛洪謂小蟹不歸而蠟蛣敗是也廣東新
語名月蛣又名共命螺過臘則肥美益海
錯之至珍也

蠟蛣腹蟹贊

西山有鳥與鼠同穴
南海有蟹腹於蠟蛣

【今译】

　　郭璞的《江赋》说："蜡蛄腹中有蟹，水母眼睛是虾。"《松陵集》注释说："蜡蛄像蚌，有一只小蟹在腹中，为蛄出来求食，小蟹有时不回来，蛄便饥饿而死。淮海称之为蟹奴。"皮日休的诗："晴日里蟹奴走到了海边，秋天大雁追随着过海的船。"梅尧臣的诗："一打开明月般的腹部，其中有小小的绿蟹。"即是此物。

沙蟹 [1]

　　《海物志》曰："一种小于彭越，曰沙蟹。"许浑诗："江上蟹螯沙渺渺，坞中蜗壳雪漫漫。"

【今注】

[1] 沙蟹：俗称沙狗，是生活在潮间带的一种小蟹，也是陆地上奔跑最快的无脊椎动物。

【今译】

　　《海物志》说："有一种小于彭越的蟹，叫做沙蟹。"许浑的诗："江上的蟹螯像沙一样渺茫，坞里的蜗壳像雪一样广远。"

水蟹 [1]

　　《岭表录异》曰："水蟹螯壳内皆盐水。"

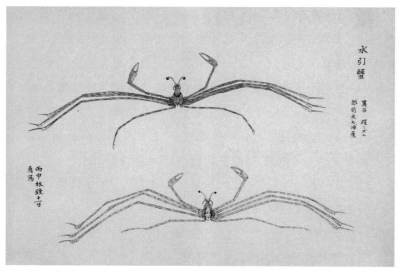

毛利梅园　水引蟹

【今注】

[1] 水蟹：如下文所言，是指蟹螯蟹壳中有盐水的蟹，当属海蟹。

【今译】

　　《岭表录异》说："水蟹的螯和壳里面都是盐水。"

虎蟹 [1]

　　《岭表录异》曰："蟹壳上虎斑，可为酒器。"

【今注】

[1] 虎蟹：指的是黄褐色、有老虎斑纹的蟹。

【今译】

《岭表录异》说："蟹壳上有老虎的斑纹，可以作为酒器。"

石蟹 [1]

《广州记》曰："石蟹出南海，蟹化为石，过潮漂出。主消眼涩，细研和水入药相佐，用以点眼。"

【今注】

[1] 石蟹：此处的石蟹指的是蟹的化石，曾被古人当做一味中药。

【今译】

《广州记》说："石蟹出产于南海，蟹变成石头，潮水过后漂出。主治消解眼涩，研成细末加水，与药相配合，用来点眼睛。"

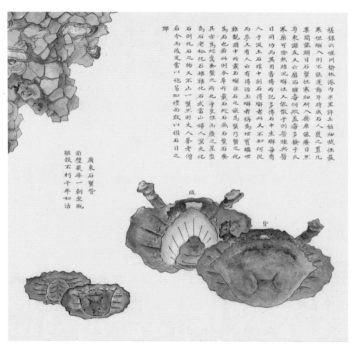

聶璜　海错图之石蟹

蟹略卷四

蟹雅

蟹图 [1]

　　唐《画断》曰："韩滉 [2] 画妙于螃蟹。"《本朝名画评》曰："阎士安 [3]，宛丘人，善画蜞蟹 [4] 于架 [5] 中。有易元吉 [6]《蟹图》、郭忠恕 [7]《蟹图》，又有金门羽客 [8] 李德柔 [9]《郭索钩辀 [10] 图》。"刘贡父画蟹诗："后蚓智不足，捕鼠功岂具。一为丹青录，能使万目顾。气凌龟龙蛰，势经沧海渡。微物亦有动，将非逢学误 [11]。"强至墨蟹诗："琐琐 [12] 江湖中，忽在幽人 [13] 壁。短螯利双钺，长跪生六戟。骨眼 [14] 惊自然，熟视审精墨。初疑蟺穴束，犹带浮泥墨。横行竟何从，躁心固已息。终朝墙壁间，颇有肥霜色。我来空持杯，左手莫汝食。谁夺造化功，生成归笔力。"

【今注】

[1] 蟹图：蟹类的图谱。

[2] 韩滉（huàng）（723—787）：字太冲，京兆长安（今陕西西安）人，唐代画家。唐德宗时拜相，封晋国公，谥号"忠肃"。韩滉擅绘事，有《五牛图》传世。

[3] 阎士安（生卒年不详）：陈州宛丘（今河南淮阳）人，

宋人　荷蟹图

北宋画家。

[4] 蜞蟹：四库本作"棋蟹"，据《宋朝名画评》改。蜞
蟹即螃蜞。

[5] 架：此处似为架田，指的是在沼泽中以木作架，四周
及底部以泥土与水生植物封实而成的浮于水面的农田。

[6] 易元吉（生卒年不详）：字庆之，长沙（今属湖南）人，

北宋画家。

[7] 郭忠恕（？—977）：字恕先，洛阳（今属河南）人，北宋画家。

[8] 金门羽客：金门，富贵；羽客，道士。宋代道士林灵素曾被宋徽宗赐号"金门羽客"。

[9] 李德柔（1060—？）：字胜之，河东晋（今山西太原）人，北宋画家。

[10] 郭索钩辀（zhōu）：见于林逋的诗句"草泥行郭索，云木叫钩辀"。郭索：蟹爬行的状貌。钩辀：鹧鸪鸣叫的声音。

[11] 将非逢学误：即《世说新语》中提到的蔡谟渡江，不识蟛蜞，烹而食之，委顿呕吐之事，谢尚说："卿读《尔雅》不熟，几为《劝学》误。"

[12] 琐琐：细小卑微。

[13] 幽人：隐士。

[14] 骭眼：指的是节肢动物的复眼，一般直接长在头部的骭柱上，可立可收，称为柄眼。

【今译】

　　唐代的《画断》说："韩滉画蟹十分精妙。"《本朝名画评》说："阎士安，宛丘人，擅于画螃蟹在架田中。有易元吉的《蟹图》、郭忠恕的《蟹图》，还有金门羽客李德柔的《郭索钩辀图》。"刘贡父的画蟹诗："落后于蚯蚓，智慧不足，捕鼠的功劳岂能备具？（然而）一旦被画家记录，便能万众瞩目。豪气凌驾于龟龙的伏蛰，气势经历了沧海的泅渡。微小的动物也有变化，不要被《劝学》所误。”强至的墨蟹诗：“卑微游荡于江湖之中，忽然出现在隐士的宅壁。短短的蟹螯锋利过于双钺，长腿宛然生出六只戟。蟹的骨眼惊动出于天性自然，细看审阅精致的笔墨。最初怀疑它在蟺穴中受到拘束，仍然带有浮泥的黑墨。横行无忌竟然不知何所依从，躁动的心思固然已经停息。终日悬挂在墙壁间，颇有肥腻的风霜之色。我来徒然（对画）把持酒杯，左手却得不到这画中蟹吃。谁人夺取了造化之功，形成奇迹要归功于笔力。”

蟹琴声

《琴谱》[1]曰：“《履霜操》有蟹行声。”齐唐诗：“槐枫亲黼扆[2]，画蟹播朱弦[3]。”

【今注】

[1]《琴谱》：四库本作“《琴录》”，据《崇文总目》改。

[2] 黼扆（fǔ yǐ）：屏风。

[3] 朱弦：古琴上的红色丝弦。

【今译】

《琴谱》说：“古曲《履霜操》中有蟹爬行的声响。”齐唐的诗：“槐和枫亲近屏风，画蟹后弹弄朱弦。”

蟹眼[1] 茶汤

《茶录》曰："煎茶之泉，视之如蟹眼。"皮日休煎茶诗："时看蟹目溅，乍见鱼鳞起。"东坡诗："蟹眼已过鱼眼生，飕飕欲作松风鸣。"又诗："蟹眼翻波汤已作，龙头[2]拒火柄犹寒。"黄太史诗："遥怜蟹眼汤，已作鹅管玉[3]。"苏栾城诗："蟹眼煎来声未老，兔毛[4]倾看色尤宜。"蔡君谟诗："兔毫紫瓯[5]新，蟹眼青泉煮。"曾裘父诗："朝来蟹眼方新试，昨夜灯花[6]早得知。"

【今注】

[1] 蟹眼：唐宋时饮茶非冲泡，而是煎煮，茶汤中冒出蟹眼似的泡沫，便是火候正好之时，因而称之为蟹眼茶汤。

[2] 龙头：茶器手柄上的龙头纹样。

[3] 鹅管玉：像鹅毛管一样光洁如玉。

[4] 兔毛：茶盏上的纹饰。

[5] 瓯：四库本作"鸥"，据《端明集》改。瓯，杯子。

[6] 灯花：灯芯的余烬爆成花形，谓之灯花，古人视为吉兆。

【今译】

《茶录》说："煎茶的泉水（冒出的泡沫），看着像蟹眼。"皮日休的煎茶诗："时时见到蟹目迸溅，刚刚看到鱼鳞泛起。"苏东坡的诗："蟹眼已经过去，鱼眼产生，飕飕的像要模仿松风的呜鸣。"还有诗："波浪中翻着蟹眼，汤已经滚起，龙头拒斥火焰，手柄还觉凉寒。"黄庭坚的诗："远

唐云　红花螃蟹图

远怜惜那蟹眼似的汤，已经像鹅毛管一样光洁如玉。"苏辙的诗："蟹眼茶汤煎煮时声音还未老，（倒在）兔毛茶盏中侧着看茶色尤为相宜。"蔡君谟的诗："饰有兔毫的紫杯崭新，清泉煮茶泛起蟹眼似的泡沫。"曾袁父的诗："早晨刚新煮了蟹眼茶汤，昨天夜里灯花早已有所预兆。"

蟹杯

《岭表录异》曰："虎蟹壳上有虎斑，又有五色者，可为杯。"《皮陆诗注》："南人目螺之有色者曰云螺，用以酌酒。"亦此类也。

【今译】

《岭表录异》说："虎蟹的壳上有老虎的斑纹；还有一种是五色的，可以做酒杯。"《皮陆诗注》说："南方人见了有颜色的螺便称为云螺，用来酌酒。"也属于这一类。

蟹志赋咏

蟹志　陆龟蒙

蟹，水族之微者。其为虫也有籍[1]，见于《礼经》，载于《国语》、扬雄《太玄》、《魏晋春秋》、《劝学》等篇。考于《易》象，为介类[2]，与龟鳖刚其外者，皆乾[3]之属也，周公所谓傍行者欤。参于药录食疏，蔓延乎小说。其智则未闻也，惟《左氏》记其为灾，子云讥其躁，以为郭索后蚓而已。

蟹始窟穴于沮洳[4]中，秋冬交必大出。江东人曰："稻之登也，率执一穗以朝其魁，然后从其所之也。"早夜髃沸[5]，指江而奔。渔者纬萧[6]，承其流而障之，曰籪音锻。籪，断其入江之道焉尔。然后扳援逸遁[7]而往者十六七。既入于江，则形质寖[8]大于旧，自江复趋于海，如江之状，渔者又籪而求之，其越逸遁去者又加多焉。既入于海，形质益大，海人亦异其称谓矣。

呜呼！执穗而朝其魁，不近于义耶？舍沮洳而之江海，自微而务著，不近于智耶？今之学者，始得百家小说而不知孟轲、荀卿、扬氏之道，或知之又不汲汲于圣人之言、求大中之要，何也？百家小说，沮洳也；孟、荀、扬氏，圣人之渎也；六籍[9]者，圣人之海也。苟不能舍沮洳而求渎[10]而至于海，是人之智反出于水虫下，能不悲夫？吾是以志其蟹。

【今注】

[1] 籍：书册，此处指记录于书籍。

[2] 介类：甲壳类的动物。

[3] 乾：《周易》中的卦象，乾代表天，其特性是强健。象曰："天行健，君子以自强不息。"

[4] 沮洳（jù rù）：低湿之地。

[5] 觱（bì）沸：泉水涌出之状。

[6] 纬萧：编织蒿草。萧，蒿类，可以织为帘箔。后引申为安贫乐道。

[7] 逸遁：隐遁、逃跑。

[8] 寖：逐渐。

[9] 六籍：即六经，《诗》《书》《礼》《易》《乐》《春秋》的合称。

[10] 渎：河川。古代有所谓的四渎，即长江、黄河、淮河、济水的合称。

【今译】

　　蟹，是水族中的微小之物。它作为虫也有载于书册，见于《礼经》，记载于《国语》、扬雄《太玄》、《魏晋春秋》、《劝学》等篇目。考证于《易》的卦象，属于介类，和龟鳖之类的外壳坚硬者，都是属于乾卦，这就是周公所说的侧身行走者吧。参阅医药和饮食的著录，扩展到小说中。其智慧却不曾听说，惟独《左传》记载其形成灾害，扬雄讥讽其浮躁，认为郭索爬行的状态落后于蚯蚓。

　　蟹最初在低湿之地做巢穴，秋冬之交必定大举出动。江东的人说："稻谷成熟之时，（蟹）都拿着一棵稻穗，用来朝觐它们的首领，然后去它们要去的地方。"日夜奔涌沸腾，朝着江水奔去。渔夫编制帘箔，迎着水流拦蟹，称之

171

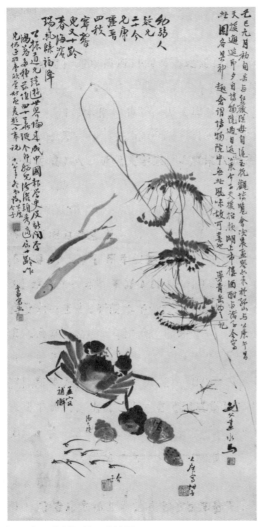

潘天寿、高剑父等　水族图

为籪音锻。籪，即阻断其入江的通道。这样以后攀爬而逃走的有十之六七。进入江中以后，躯壳比之前大，从江里再归入大海，如同入江的状况。渔夫又设置了籪去捕捉，其中逃走的又有很多。到了海里以后，躯壳越来越大，海边人也给它起了不同的称呼。

唉！手执麦穗去朝觐它们的首领，不也是接近于义吗？舍弃了沼泽而奔向江海，由卑微而追求卓著，不也是接近于智吗？如今求学的人，刚学到百家的小道之说却不知道孟子、荀子、扬雄的大道，有的人知道却又不努力求取圣人之言、求取中正之道的要领，这是为什么呢？百家的小道之说，是沼泽；孟子、荀子、扬氏，是圣人的河川；六经，是圣人的大海。如果不能舍弃沼泽，进而求取河川乃至于大海，那么人的智慧反而在水虫之下，难道不感到悲哀吗？我因此为蟹做志。

松江蟹舍赋　高似孙

鸱夷子皮 [1] 既相勾践，雠阖闾 [2]，殄夫差 [3]，吊子胥 [4]，无忏恨于越人。迄骋怀于西吴，乃昂然作，喟然 [5] 吁曰："兔死犬烹，鸿罹于罭 [6]，古人所危。吾其亟图 [7]！"方将朝三江、夕五湖，一去不回，乐哉此桴 [8]。

屟 [9] 其遗于人间，情袅袅 [10] 于姑苏。水绕乎笠泽 [11]，

天包乎具区 [12]。松陵 [13] 互潮，太湖交潴 [14]。川纳壑府，波画村墟。石罅碕岸 [15]，崖厓 [16] 别区。波程杳渺，水路盘纡 [17]。洄渚 [18] 棋布，聚落星敷。采之于山，则绿腻女桑，黄包橘奴，牧菽 [19] 贡梨，剥枣撷荼 [20]；取之于水，则丝破紫莼，笋食青菰 [21]，采菱春芡 [22]，食稻烧芦。是皆舟子所乡，渔郎所庐。葭菼兮为域，萑苇兮为墟。鸿鹭兮为邻，鹡鹈 [23] 兮为徒。时则天澄月静，风恬霭舒。或雾气之濛沫，或烟雨之扶疏。棹歌乱发，渔榜 [24] 疾徐。命俦啸侣 [25]，靡不一鱼。荫柳边之罦罳，挂隔苑之罾罟 [26]。儿奉轻筍，妇手飞罜。水禽泼泼 [27]，一发靡虚。乃有鲙残之鲫，四腮之鲈，环异丛毓 [28]，鳞甲纷挐 [29]。鲤皆奔于渔市，羡足给于鱼租。至于露老霜来，日月其徂 [30]，万螯生凉，含黄脂肤。其武郭索，其雄睢盱 [31]，其心易躁，其肠实枯。鼓勇而喧集，齐奔而并驱。

鸱夷公顾而笑曰："昔者吴之将微，民甚难虞 [32]。厥有躁乱，害于菑畬 [33]。是固汝辈之所逞者欤?"吴人趋而告曰："当是时，善有鲜鉴，贞有罕孚 [34]。乐鸩 [35] 乎毒，习甘乎谀。一艳方妍 [36]，漂香沈珠。乐极危生，沦胥以铺 [37]。是故非蟹罪也。惟我吴人以渔为娱，施勤于箟簎，皆得志于江途。方洞庭 [38] 兮始霜，熟万稼兮丰腴。执一穗兮朝魁，目洪溟 [39] 兮争趋。工纬萧兮承流，截鬐沸兮防逋 [40]。燎以干苇，槛以青筊 [41]。喧动凉藋 [42]，惊飞宿凫 [43]。其多也

如涿野 [44] 之兵，其露也如太原之俘 [45]。蟹事卓荦 [46]，八荒所无。今敢藉以凉荻，束之风蒲，愿奉一醉，献诸大夫。"

大夫嗒然 [47] 笑曰："嗟汝吴兮巨丽，乐太伯 [48] 兮开初。括于越 [49] 兮自裕，跨荆蛮 [50] 兮远摹。干星纪 [51] 兮经略，控轸野 [52] 兮车书。至若薮泽 [53] 幽灵，川渎纳洿 [54]，灌注于天下之半，郁拂兮瀛洲之居。忘越矢 [55] 之倏西，嗟麋台 [56] 之交芜。余方超万物兮如蜕，岂一蟹兮乐且？"吴人再拜进曰："大夫高矣！侬 [57] 闻宅金汤之固者，莫崇乎德者也；建竹帛之功者，莫勇乎谋者也。自吴越之 [58] 成败，忾 [59] 君臣之嗟吁。然侬者生长水国，子孙泽隅，朝暮一艇，寒暑一笛。老鱼鳖以为命，狎鸥鸬而不孤。久与世以相忘，亦伤今而欲痛 [60]。大夫方将谢轩冕 [61]，乐樵渔，干玄机兮相高，庶几遁兮不渝。今侬有粳可炊，有酒可沽。幸江山兮如待，朝风月兮无辜。"大夫为之愕然曰："君子者，事岂以蟹为业者欤？非渭水之遗智，必山泽之修癯 [62]。"深乐其言，藏道于愚。

欲去兮徘徊，欲逝兮勤劬 [63]。举酒酬酢，何其悲欤？与之释缚，使之拍浮。刳 [64] 甲如山，齑橙如铺。意悟忘言，酒酣相扶。指青天兮自誓，幸来世兮知余。渺烟水兮莫能留，泛孤舟兮不可呼。蟹翁者三叹于悒 [65]，四顾踌躇。揖长江兮脱如矢，歌浩浩兮何能俱。

其歌曰：天高兮月寒，天风兮水急。鸿远兮汲汲，人

沈周　郭索图

有慕兮叹何及。木叶落兮洞庭波，江有汜兮汉有沱[67]。把酒答天聊自歌，歌月落兮愁如何。

又歌曰：枫落兮阴霜，菰香兮如雪。一舟兮太决，智者乐兮乐者哲。蟹健兮鲈肥，风吹酒兮酒淋衣。知有蟹兮不知时，若斯人兮其庶几。

【今注】

[1] 鸱（chī）夷子皮：《史记·货殖列传》说范蠡辅佐越王勾践灭吴之后，急流勇退，"乘扁舟浮于江湖，变名易姓，适齐为鸱夷子皮，之陶为朱公"。鸱夷子皮说法不一，一般认为是盛酒的革囊。

[2] 雠阖间（chóu hé lú）：雠，同"仇"；阖间，春秋末期吴国的国君，名光，他用专诸刺杀吴王僚而自立，后在槜李（今浙江嘉兴西南）为越王勾践所败，重伤而死。

[3] 殄（tiǎn）夫差：殄，消灭；夫差，春秋末期吴国国君，吴王阖间之子，为报父仇，于会稽战败越王勾践，并率精兵北会诸侯于黄池，与晋争霸。勾践乘虚而入，遂灭吴，夫差自刭而死。

[4] 吊子胥：吊，祭奠死者；子胥，即伍子胥，春秋末期吴国大夫，吴王阖间的重臣，后被夫差所杀。范蠡敬重伍子胥是忠臣，所以这里说他"吊子胥"。

[5] 喟（kuì）然：叹息的样子。

[6] 鸿雁（lí）于罦：大雁落难于网中。

恽寿平　瓯香馆写意册之芦蟹

[7] 亟图：亟，赶紧；图，谋划。

[8] 桴：木筏。

[9] 屣（xǐ）：鞋子，此处引申为足迹。

[10] 袅袅：纤细柔美。

[11] 笠泽：松江的古称。

[12] 具区：太湖的古称。

[13] 松陵：即松江，为太湖支流三江之一，由吴江县东流与黄浦江汇合，出吴淞口入海。

[14] 潴（zhū）：水流蓄积、停聚。

[15] 石罅（xià）碕（qí）岸：石罅，石头开裂；碕岸，曲折的堤岸。

[16] 厘：划分田地所依据的石崖，相当于界碑。

[17] 盘纡：迂回曲折的样子。

[18] 洄渚：周围有水回旋的小块陆地。

[19] 菽：豆类。

[20] 荼：古书上说的一种苦菜。

[21] 青菰：俗称茭白。生于河边沼泽。可作蔬菜，其实如米，可作饭。

[22] 芡：一年生水草，茎叶有刺，亦称"鸡头"，种子的仁可食，经碾磨制成淀粉。

[23] 鹢（jīng）鹈（tí）：鹢，即鸡鹢，一种池鹭；鹈，即鹈鹕，一种水鸟。

[24] 渔榜：渔船上的桨，代指渔船。

[25] 命俦啸侣：招呼意气相投的人，一道从事某一活动。出自曹植《洛神赋》。

[26] 罛（wú）：渔网。

[27] 泼泼：象声词，拍水的声音。

[28] 丛毓：密集生长貌。

[29] 挐（ná）：搏斗。

[30] 徂（cú）：去，往。

[31] 睢盱（huī xū）：仰目而视。

[32] 虞：防范。

[33] 菑畬（zī shē）：耕田种植。

[34] 孚：信服。

[35] 鸩（zhèn）：传说中的毒鸟，用它的羽毛泡的酒喝了可以毒死人。

[36] 一艳方妍：一美女正当娇妍。此处似指吴王夫差的宠妃西施。

[37] 沦胥以铺：相互牵连而遭受苦难。

[38] 洞庭：此处指太湖。

[39] 洪溟：大海。

[40] 逋（bū）：逃亡。

[41] 笯（nú）：笼子。

[42] 筃（jué）：拦水捕鱼的渔具，相当于籪。

[43] 凫（fú）：野鸭。

[44] 涿野：即涿鹿之野，古战场，黄帝与蚩尤大战之处。

[45] 太原之俘：秦赵长平之战，赵军被俘四十万人。

[46] 卓荦：卓越，突出。

[47] 嗒（tà）然：失意、懊丧。

[48] 太伯：周古公亶父长子，仲雍、季历之兄。古公亶父欲传位季历及其子昌（即周文王），太伯乃与仲雍有心相让，便出逃至吴，是为吴国始祖。

[49] 于越：于越，古国名，是春秋时越国的前身。

[50] 荆蛮：周人对荆楚土著的称呼。

[51] 星纪：十二次之一。与十二辰之丑相对应，二十八宿中之斗、牛二宿属之。借指岁月。

[52] 轸野：二十八宿的轸宿所对应的分野，分野即星宿所对应的地面州国，轸宿对应的是楚国。

[53] 薮（sǒu）泽：指水草茂密的沼泽湖泊地带。

[54] 洿（wū）：不动的浊水。

[55] 越矢：越国的箭。

[56] 麋台：原指姑苏台。亦泛指荒芜之台。后常用来比喻国家危亡。

[57] 侬：我。

[58] 之：四库本缺此字，今补。据《历代赋汇》补。

[59] 忾（kài）：叹息。

[60] 痡（pū）：疲劳致病。

[61] 轩冕：官位和爵禄。

[62] 癯（qú）：瘦。此处指的高士的容貌。

[63] 劬（qú）：过分劳苦，勤劳。

[64] 刳（kū）：从中间破开再挖空。

[65] 悒（yì）：忧愁不安。

[66] 沱（tuó）：泊船的水湾。

【今译】

　　鸱夷子皮辅佐勾践，与阖闾为仇，消灭了夫差，凭吊

181

子胥，对越国人没有懊恼悔恨。直到驰骋于西吴，便仰头振作，喟然长叹道："兔子死了，狗就要被烹杀，大雁死于网罟之中，这是古人所忧惧的。我应该及早打算！"正当去朝游三江、夕游五湖，一去便不回返，乘着这木筏多么欢乐啊。

足迹留在人间，柔情钟于姑苏。水环绕着笠泽，天穹包裹着具区。松陵互通浪潮，太湖交相沉积。河川收纳丘壑，水波勾画村墟。石头开裂的曲折堤岸，界碑厘定的殊方异域。波浪上行旅杳远渺茫，水中道路曲折迂回。小洲像棋子一样散布，村落像星辰般铺陈。从山上采来的，有绿油油的桑树，黄包衣的柑橘，种豆献梨，剥枣采茶；从水中取得的，则有丝丝裂开的紫莼，吃的是竹笋、青菰，采菱角，春茨米，食稻谷，烧芦根。这些都是舟子所居之乡，渔郎所建之庐。葭葵作为分域，萑苇作为村墟。鸿雁、鹭鹚作为友邻，鸡鹊、鹈鹕作为侣徒。彼时正是天光澄澈，月色明静，微风恬静，云霭舒卷。有时雾气朦胧湿润，有时烟雨回旋飘散。船歌随意抒发，船桨忽快忽慢。呼唤同伴，不漏一鱼。（近处）柳边的罥掺成荫，远处林苑中罾罘高挂。儿子奉上钓筍，妻子手中飞出网罘。水禽拍水泼泼作响，（机关）一经发动便没有走虚。于是有鲙残的鲫，四腮的鲈，瑰怪奇异密集生长，披鳞带甲者纷纷搏斗。鲤鱼都涌向渔市，（收获）丰足可以交纳鱼租。至于风露渐老，寒霜到来，日月奔走，万螯生出凉意,蟹黄与膏脂饱满。它窸窣爬行孔武（有力），它仰目而视气势雄健，它的心思容易急躁，它的肚肠实在干枯。鼓起勇气喧嚷聚集，一道奔走并驾齐驱。

鸱夷公看到便笑着说："昔年吴国即将衰微，百姓很难防范。于是有了躁动纷乱，伤害庄稼田地。这原来是你们这些蟹放肆的结果吗？"吴人快步上前相告说："在那时，善行鲜有镜鉴，忠贞罕有信服。喜好鸩毒，习惯阿谀。女色正美，香汤沉珠。欢乐至极而危险生发，相互牵连而遭受苦难。所以不是螃蟹的罪过。只是我们吴人以捕鱼为乐，勤于施展篦䉉，都在江上得遂志愿。洞庭刚刚开始落霜，庄稼成熟时蟹也丰腴。手执一穗稻谷朝觐首领，眼望大海争相奔趋。编织蒿草承接江水，拦截奔流防止逃走。点燃干苇引诱，用青竹笼囚禁。喧闹惊动冰凉的渔蒗，惊飞了歇宿的野鸭。（它们）像涿鹿之野的兵丁一样多，像太原的俘虏一样裸露。螃蟹之事卓绝，四野八荒所未有。如今乃敢用荻草枕垫，用蒲草捆束，愿供奉一醉，献给大夫。"

大夫懊丧地笑道："可叹你们吴国的堂皇富丽，欣赏吴太伯开国之初（的景象）。囊括于越，丰饶自足，横跨荆蛮，远人追摹。接连星辰，四方经略，地控裖野，往来车书。至于那湖泊沼泽幽怪精灵，山川河渎藏纳大水，灌注到天下的大半，郁勃繁盛的样子恍若瀛洲仙居。忘记越国箭矢倏忽向西，嗟叹麋台一并荒芜。我刚超脱万物犹如蝉蜕，岂能以一蟹为乐？"吴人再拜上前说："大夫高明啊！我听说像金城汤池那样坚固的府宅，莫如崇尚道德者；建立名垂史册的功绩，莫如勇于谋划者。回顾吴越的成功败亡，感慨君臣的伤感长叹。然而我辈生长在水乡泽国，子孙繁衍在水泽一隅，早出晚归一只小艇，寒来暑往一根竹笛。娴于捕捉鱼鳖作为生计，亲近鸥鸟并不感到孤单。长久和尘世两相遗忘，也伤感今日而致病。大夫正当卸去官爵，乐于采樵捕鱼，涉及玄妙的道理而相互提高，或许可以逍遥而不改志。如今我有粳米可以烹煮，有酒可以买。（庆幸）江山似乎在等待（我），朝觐风月清白无辜。"大夫为之愕然，说："君子难道是以捕蟹为业的人？不是渭水遗落的智者，必定是山泽里的清癯高士。"深为喜欢他的话，是隐藏大道于蒙愚。

想要归去而又徘徊，将要长逝而又勤勉。举起酒杯应酬，多么悲伤啊？解开捆缚，拍浮酒池中。破开的蟹甲堆积如山，捣碎的橙子平铺开来。悟出大意而忘记言语，酒兴酣畅而互相搀扶。指着青天自己发誓，希望来世能有知音。渺茫的烟水不能挽留，驾驶孤舟不可呼唤。捕蟹的渔翁再三忧愁叹息，四面环视犹豫踌躇。揖别长江犹如脱弦的箭矢，歌声浩荡如何能并俱。

他的歌唱道：天穹高高啊明月凉寒，天风浩荡啊水流湍急。鸿雁远飞啊急切，人有羡慕啊自叹不及。木叶坠落啊洞庭扬波，长江有回水啊汉水有湾。把持酒杯酬答苍天暂且自己唱歌，歌唱到月亮坠落啊愁闷如何。

　　还有歌道：枫叶坠下啊落霜，菰菜飘啊好像白雪。一条小船啊如同溃决，智者以为乐啊乐者明哲。螃蟹健壮啊鲈鱼肥，风吹酒啊酒淋到衣。知道有蟹啊不知道时节，像这样的人啊还差不多。

诗

蟹寄鲁望[1]　皮日休

　　绀甲青匡染苔衣,岛夷初寄北人时。离居定有石帆[2]觉,失伴惟应海月[3]知。族类分明连蝤蛑,蝤蛑似小蚌,有一小蟹在腹中,时出求食,淮海人呼为蟹奴。形容好个似蟛蜞。病中无用双螯处,寄与夫君左手持。

【今注】

[1] 鲁望:即陆龟蒙,字鲁望。

[2] 石帆:珊瑚虫的一种。呈树枝形,骨骼为角质,生于海底岩礁间。

[3] 海月:软体动物海月科,贝壳扁圆,呈半透明状,多用来嵌装门窗或房顶,可透光线,肉可食。

【今译】

　　黑甲青壳上沾染了青苔,是刚被海滨的人寄到北方之时的样子。离群索居定然有石帆惊觉,失去同伴只有海月可知。种族类别分明连同蝤蛑,蝤蛑像小蚌,有一只小蟹在腹中,不时出来觅食,淮海人称之为蟹奴。形状容貌真像蟛蜞。身在病中用不到双螯,寄给朋友左手把持。

袭美[1]寄蟹　陆龟蒙

药杯应阻蟹螯香，却乞江边采捕郎。自是扬雄知郭索，且非何胤敢饧饾。骨清犹似含春霭，沫白还疑带海霜。强作南朝风雅客，夜来偷醉早梅傍。

【今注】

[1] 袭美：即皮日休，字袭美。上一首诗是皮日休给陆龟蒙寄蟹时所作，这一首是陆龟蒙收到蟹所作，二人借蟹互相唱和。

【今译】

服药的杯子应当阻挡蟹螯的清香，却要去求江边采蟹捕鱼的渔郎。从此扬雄知道了蟹的爬行之态，如若不是何胤我们哪敢吃糖蟹。骨骼清奇好似包含了春日的云气，泡沫洁白令人怀疑它携带了海上的风霜。勉强做一回南朝的风雅客，夜里偷偷醉倒在早梅旁。

容惠湖蟹　宋祁

秋水江南紫蟹生，寄来千里佐吴羹。楚人故使衷留甲，齐客何妨死愿烹。下箸未休资快嚼，持螯有味散朝酲。定知不作螟蜮误，曾厕西都学士名。

【今译】

江南的秋水之中紫蟹孳生，寄到千里湖来搭配莼羹。楚人故意在衣服里面穿铠甲，齐客不妨被烹杀而死。不停下筷子以供快嚼，把持有滋味的蟹螯解散宿醉。定然知道不应有蟛蜞的失误，也曾厕身于西都学士的虚名。

吴正仲遗活蟹　梅尧臣

年年收稻买江蟹，二月得从何处来。满腹红膏肥似髓，贮盘青壳大于杯。定知有口能嘘沫，休信无肠便畏雷。幸与陆机还往熟，每分吴味不嫌猜。

【今译】

年年收稻谷时买江蟹，二月里的蟹是从哪里来的。满肚红膏像骨髓一样肥美，放在盘中的青壳比杯子还大。定然知道有口能吹出泡沫，不要说没有肠子就畏惧天雷。有幸和陆机相熟，每当分享吴地风味时不必猜忌。

钓蟹　梅尧臣

老蟹饱经霜，紫膏青石壳。肥大窟深渊，曷虞遭食啄。香饵与长丝，下垂宁可觉。未免利者求，潜潭不为邈。

【今译】

老蟹饱经风霜，紫色的膏脂、青石般的外壳。肥硕的蟹筑穴在深渊，何必担忧被人吸食。香饵和长的丝线，（蟹）下沉深渊岂是自觉。为免有好利者前来搜求，潜入深潭也不算遥远。

邹一桂　岁朝图

食蟹　黄庭坚

　　海馔糖蟹肥，江醪白蚁醇。每恨腹未厌，夸啖齿生津。三岁河外霜，团脐常食新。朝泥看郭索，暮鼎调酸辛。趋跄虽入笑，风味极可人。忆观淮南夜，火攻不及晨。横行葭苇中，不自贵其身。谁怜一网尽，大去河伯民。鼎司[1]费万钱，玉食常罗珍。谁知扬州贡，此物真绝伦。

【今注】

[1] 鼎司：指重臣之职位。

【今译】

　　海上的美食有嫩肥的糖蟹，江畔的美酒有香醇的白沫。每每抱恨腹中没满足，夸口啖食唇齿生津。三年来经河外风霜，团脐螃蟹经常尝新。清晨在泥里看到蟹爬行，傍晚就放在鼎里调和酸辛。急走跟跄虽然惹人发笑，风度美味最合人心。回忆起观赏淮南的夜色，渔人执火诱蟹时还未到清晨。在芦苇中横行，不以为自身高贵。谁来怜惜那捕捞的一网，除去了多少河伯的子民。鼎司众臣耗费万千银钱，锦衣玉食经常罗列奇珍。谁人知道扬州的贡品，这东西真是无与伦比。

谢何十三送蟹　黄庭坚

　　形模虽入妇女笑，风味可解壮士颜。寒蒲束缚十六辈，已觉酒兴生江山。

【今译】

　　形状和模样虽然引得妇女发笑，美好的口味可使壮士欢喜开颜。（看到）蒲草捆绑十六只蟹，有了饮酒与歌咏江山的兴致。

借答送蟹韵戏小何　黄庭坚

　　草泥本自行郭索，玉人为开桃李颜。恐似曹瞒说鸡肋[1]，不比东阿举肉山[2]。

【今注】

[1] 曹瞒说鸡肋：曹瞒即曹操，小字阿瞒。鸡肋典出《后汉书》，曹操攻打汉中，不能攻下，意欲归去，又有不舍，军中传口令曰"鸡肋"，众人不解，唯独杨修说："夫鸡肋，食之则无所得，弃之则如可惜，公归计决矣。"

[2] 肉山：四库本作"玉山"，据《山谷诗集》改。曹植曾被封为东阿王，他在《与吴季重书》中说："愿举太山以为肉，倾东海以为酒"。

【今译】

　　草泥上原本有蟹兀自爬行，美人为它绽开了桃李般的容颜。恐怕要像曹操口说鸡肋，不能与东阿王举起肉山相比。

代二螯解嘲　黄庭坚

　　仙儒昔日倦龟壳[1]，蛤蜊自可洗愁颜。不比二螯风

齐白石　菊花开时蟹正肥

味好,那堪把酒对江山。

【今注】

[1] 倦龟壳:四库本作"卷龟壳",据《淮南子》改。意即蹲坐在龟壳上。

【今译】

　　仙人大儒昔日蹲坐龟壳,蛤蜊自然可以洗去愁颜。没有比双螯风味更美之物,又怎能把持酒杯面对江山。

又借前韵　黄庭坚

　　招潮[1]瘦恶无永味,海镜纤毫只强颜。想见霜脐当大嚼,梦回雪屑摩围山。

【今注】

[1] 招潮:即招潮蟹,栖居在潮间带的一种小蟹,双螯一大一小。

【今译】

　　招潮蟹瘦小丑恶不美味,海镜纤毫毕现只是强作欢颜。常怀念经霜的蟹可大嚼而食,梦中回到摩围山品尝雪蟹。

鄂渚绝无蟹偶得数枚吐沫相濡乃可悯笑　黄庭坚

　　其一

　　怒目横行与虎争,寒沙奔火祸胎成。虽为天上三辰次,未免人间五鼎烹。

诗

其二

勃崒 [1] 盘跚烝 [2] 涉波,草泥出没尚横戈。也知觳觫
元无罪,奈此樽前风味何。

其三

解缚华堂一座倾,忍看支解见香橙。东归却为鲈鱼
鲙,未敢知言 [3] 许季鹰 [4]。

【今注】

[1] 崒(zú):高耸险峻。

[2] 烝:四库本作"蚤",据《山谷诗集》改。

[3] 知言:有远见的言论。

[4] 季鹰:四库本作"李膺",据《山谷诗集》改。季鹰
即晋代张翰,字季鹰,曾因想念故乡的鲈鱼而向齐王辞官,
回到了家乡。就在张季鹰回乡不久,齐王司马炯谋反被杀,
他手下的人受到牵连,只有他幸免于难,人们认为他有先
见之明。

【今译】

其一

怒目横行能和老虎相争,在寒沙里奔向火光筑成祸端。
虽然位列天上的三辰次,没能避免被人间的五鼎烹食。

其二

勃动蹒跚的蟹群涉过水波,草泥之中出没尚且横着刀
戈。其实也知晓(因即将被宰杀而)恐惧颤抖(的生灵)

鏡蟹形圓色白其背亦平故以鏡名
仲其鉗足則一蟹也若縮鉗足於腹下
如一石子無異産福寧南路湖尾海遊
其形雖異肉不堪啖不在食品故誌書
不載

　　鏡蟹贊
月落萬川畫幻成蟹
至今圓白如鏡滿海

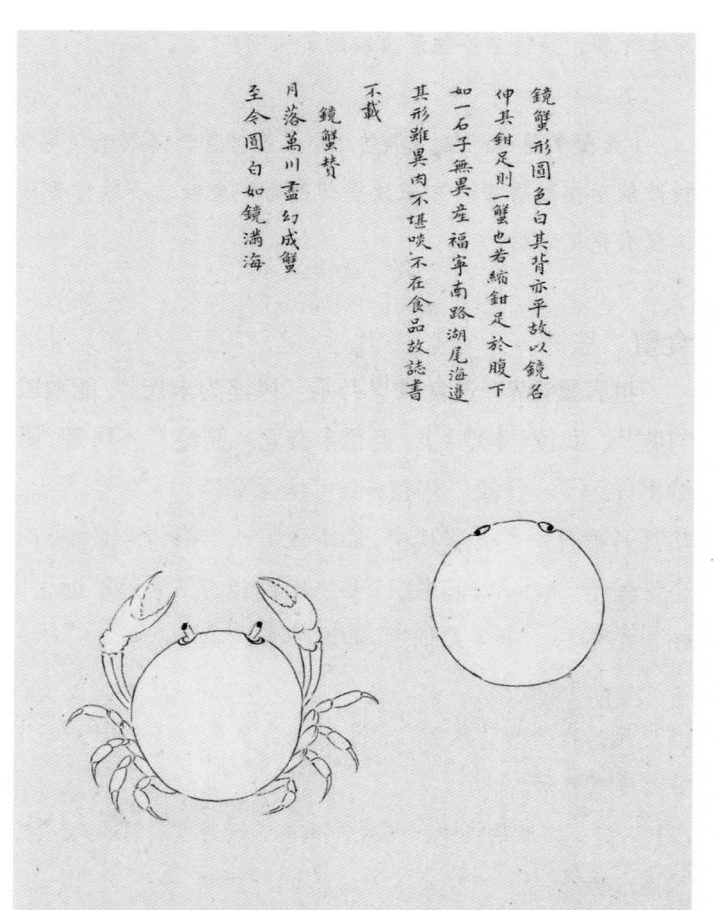

聶璜　海错图之镜蟹

195

原本无罪，奈何禁不住酒樽前的美味啊！

其三

（为蟹）解开捆缚，华堂之中满座倾倒，怎忍看（它）被肢解后接触香橙。东归故里却是为鲈鱼鲙，不敢称赞张季鹰有先见之明。

食蟹　张耒

世言蟹毒甚，过食风[1]乃乘。风淫为末疾[2]，能败股与肱[3]。我读《本草》书，美恶未有凭。筋绝[4]不可理，蟹续牢如绠[5]。骨瘘[6]用螯补，可使无搴腾。凡风待火出，热甚乃腾升。炎若遇其快，如霜致坚冰。俗传未必妄，但恐殊爱憎。《本草》起东汉，要之出贤能。虽失谅不远，尧跖[7]终殊称。书生自信书，俚说[8]徒营营[9]。

【今注】

[1] 风：指的是"风痹"，中医认为风寒湿侵袭会引起肢节疼痛或麻木。

[2] 末疾：四肢的疾患。《左传·昭公元年》："阳淫热疾，风淫末疾。"

[3] 股与肱：大腿和胳膊。

[4] 筋绝：中医指虚劳死证，表现有魂惊虚恐，手足爪甲青紫，并伴有呼骂不休等。

[5] 绠（gēng）：大绳索。

[6] 骨瘘：现代医学归为骨质疏松症。

[7] 尧跖（zhí）：指的是上古君王尧和春秋时的大盗跖。

[8] 俚说：民间的说法，俚俗之说。

[9] 营营：指追求奔逐。

【今译】

　　世人说螃蟹毒性甚大，过量食用便会被风疾乘虚而入。风淫乃是四肢之疾，能够败坏胳膊和大腿。我读了《本草》书，好坏没有依凭。筋绝之症不可以治理，用螃蟹接续牢固如大绳。骨瘘之症用蟹螯滋补，可以免去高举。但凡风疾要等待火力发出，热到极处乃至于腾升。内有热症若是遇到蟹，那种快感如同寒霜导致坚冰。俗人所传未必虚妄，只是恐怕爱憎有别。《本草》这本书起于东汉，总之出自贤能之手。即使有失误料想也不会太远，尧和跖终归不能混为一谈。书生自然只相信书，俚俗之说奔走传播终究是徒然。

寄文刚求蟹　张耒

　　遥怜涟水蟹，九月已经霜。匡实黄金重，螯肥白玉香。尘埃离故国，诗酒寄他乡。若乏西来使，何缘致洛阳。

【今译】

　　远远怜惜涟水的螃蟹，九月里已经受寒霜。背壳像黄金般充实贵重，蟹螯如白玉般肥嫩清香。尘埃之中离开了故国，用诗和酒寄托他乡。如果没有西来的使者，如何能

诗

徐渭　黄甲图

够致信洛阳。

次韵震子盘送糟蟹　王履道 [1]

其一

醉死扬家郭索生，此曹平日要横行。不须覆醢 [2] 烦诸子，试比糟蟹几许争。

其二

熟点醢姜洗手生 [3]，樽前此物正施行。哺糟晚出尤无赖，尚有馋夫染指争。

其三

烹不能鸣渠幸生，含糊终作醉乡行。裂脐已腐人谁照，折股犹腥犬谩争。

其四

塞上秋残百万生，书囊 [4] 旁午 [5] 此时行。聋丞 [6] 自荐笺虽妙，未必持螯手肯争。

其五

莫笑头陀 [7] 饭出生 [8]，要将戒杀劝修行。霜螯断命终妨道，身作人为了不争。

【今注】

[1] 王履道：即王安中（1075—1134），字履道，号初寮，北宋诗人，中山曲阳（今河北曲阳）人，有《初寮集》。

[2] 覆醢：倒掉肉酱。《礼记·檀弓上》："孔子哭子路于中庭，

有人吊者，而夫子拜之。既哭，进使者而问故。使者曰：'醢之矣。'遂命覆醢。"谓孔子痛子路被醢于卫，不忍食其相似之物，故命弃之。后用以表示师生间的深厚情谊。

[3] 洗手生：见"洗手蟹"条下注。

[4] 书囊：盛书籍的袋子。此处用来比喻蟹壳。

[5] 旁午：纵横交错。

[6] 聋丞：地方副长官的代称。

[7] 头陀：行脚乞食的出家人称为"头陀"，头陀通常还保留有部分的头发。

[8] 出生：分出。

【今译】

其一

郭索爬行的蟹醉死在扬雄家，此辈平时要横行。不须烦劳诸位君子倒掉肉酱，且试比量糟蟹有几多相争。

其二

熟蟹蘸醋姜则洗手蟹生，酒樽前正在准备此物。饮酒时迟迟才出现尤其无聊，还有馋人插手来争。

其三

遭到烹煮时不会鸣叫岂能侥幸偷生，稀里糊涂终于奔往醉乡一行。谁人知晓裂开的蟹脐已经腐臭，折下的大腿带着腥味，狗儿不要来争。

其四

塞上深秋时节有百万只蟹孳生，书囊似的蟹壳正交错横行。聋丞自荐的信笺虽然高妙，把持蟹螯的手未必肯来相争。

其五

不要笑头陀分出饭菜，应用戒杀来勉励修行。霜蟹断送性命终于还是妨碍了修行之道，身体行动与人的作为完全不争。

康判官寄螃蟹　毛友

沙头郭索众横行，岂料身归五鼎烹。支解樽前供大嚼，胸中戈甲也虚名。

【今译】

沙滩上众多横行的螃蟹，岂能料到自己会被放到五鼎里烹食。被肢解之后在酒杯前供人大嚼，胸中的戈甲也成了徒有虚名。

食蟹　韩驹

海上奇烹不计钱，枉教陋质上金盘。馋涎不避吴侬笑，香稻兼偿楚客餐。寄远定须宜酒渍，尝新犹喜及霜寒。先生便腹惟思睡，不用殷勤破小团。

【今译】

海上的奇特烹饪不计银钱，白白让资质粗陋之物摆上金盘。流下馋涎不怕吴人嘲笑，一同品尝香稻与楚客的美餐。寄给远人必须要用酒腌渍，尝新犹其喜欢等到霜寒。先生大腹便便只想着睡觉，不用殷勤破开小团蟹。

谢江州送糖蟹　韩驹

其一

故人书札访林泉[1]，郭索相随到酒边。未擘团脐先一笑，二螯能覆几觥船[2]。

其二

只讶平原驿使稀，不嗔彭泽寄来迟。劝君莫以无肠故，忍见纷纷躁扰时。

【今注】

[1] 林泉：山林与泉石，借指归隐之所。

[2] 觥（gōng）船：容量大的饮酒器。

【今译】

其一

故人的书札到访林泉，螃蟹随之到了酒杯边。没破开团脐时先是一笑，两只蟹螯能倒空多少觥船。

其二

只惊讶于平原县的驿使稀少，不能嗔怪彭泽县寄来的蟹太迟。奉劝您不要因为无肠的缘故，便忍心见它们在糖中纷纷挣扎。

食蟹 谢幼盘

其一

端为怀黄取醢烹，岂缘[1]多足恣傍横。焚脐未用集鼠辈，椎髓方嫌太瘦生。

其二

分付厨人苦见嫌，十脐元有九脐尖。要知其中未必有，输与蛤蜊如蜜甜。

其三

论功直与酒杯同，何事生涯在水中。不使落汤[2]频下箸，终令骨醉奈春风。

其四

有国常忧以味亡，须知有毒味中藏。谁能不累口腹事，莫趁秋风衔[3]稻芒。

【今注】

[1] 缘：四库本作"胜"，据《竹友集》改。

[2] 落汤：四库本作"洛阳"，据《竹友集》改。

[3] 衔：四库本作"含"，据《竹友集》改。

【今译】

其一

（蟹）到底是因为含有蟹黄而被拿来烹食，岂能因为多足而恣意横行。焚烧蟹脐不是为了招集鼠辈，敲击骨髓才觉得太瘦。

诗

其二

把蟹交给下厨的人却苦于遭嫌，原来十个蟹脐当中有九个是尖脐。要知道其中未必富有，不如蛤蜊像蜜一般甜。

其三

（蟹）论起功劳简直和酒杯相同，为什么它的生涯要在水中。没有在它落汤时频频下箸，终于使骨骸迷醉奈何春风。

其四

有的当国者经常忧虑因美味而亡国，应该知道毒性在美味中隐藏。谁能不被口腹之事所累，莫要趁着秋风起时去衔稻芒。

食蟹　李商老

溪友提携紫蟹肥，形模郭索就羁縻。抱黄斫雪老饕[1]事，看碧成朱露醉时。大嚼故知羞海镜，嗜甘易误食蟛蜞。欲将磊落轻《周雅》[2]，委顿深怜蔡克儿[3]。

【今注】

[1] 老饕：贪吃的人。

[2]《周雅》：即《尔雅》，因传为周公旦所作，故称周雅。

[3] 蔡克儿：即蔡谟。见"蟛蜞"条下注。

【今译】

溪上好友携来的紫蟹肥大，爬行的样子受到了牵制。

吸食蟹黄斫破雪螯是贪吃之人的事，眼见它从青变红露出醉意。大嚼本应使海镜感到羞愧，喜好美味便误吃了蟛蜞。上吐下泻实在愧对《尔雅》，深深怜悯委顿不振的蔡谟。

咏蟹　陈与义

量才不数鳌鱼额[1]，四海神交顾建康[2]。但见横行疑是躁，不知公子实无肠。

【今注】

[1] 鳌鱼额：鳌鱼是神话传说中的大鱼，龙头鱼身。旧传皇宫前石阶上刻有鳌头，考上状元的人可以踏上，后来用"独占鳌头"比喻占首位，此处的鳌鱼额即鳌头。

[2] 顾建康：四库本作"顾长康"，据《南史》改。顾建康即顾宪之（436—509），字士思，据《南史》载，顾宪之为建康令，为官清廉，当地人称他像酒一样清美，这里用顾建康代指美酒。

【今译】

量其才能不算独占鳌头，四海之内神交的唯有顾建康。只见它横行便怀疑它心急，却不知这位公子实在没有心肠。

糟蟹　曾几

风味端宜配曲生，无肠公子藉糟成。可怜不作空虚腹，尚想能为郭索行。张翰莼鲈休发兴，洞庭虾蟹可忘情。

君看醉死真奇事,不受人间五鼎烹。

【今译】

　　蟹的风味正应该配合酒曲才能发生,无肠公子借由酒糟才能做成。可怜不兴旺的空虚之腹,还想着能在地上郭索爬行。张翰的莼鲈之思休要发兴,洞庭的虾蟹可以令人忘情。您且看醉死真是奇怪事,不该遭受人间的五鼎烹。

钱仲修饷新蟹　　曾几

　　开箓破壳喜新黄,此物移来所未尝。一手正宜深把酒,二螯已是饱经霜。横行足使班寅惧,干死能令疟鬼亡。毕竟爬沙能底事,只应大嚼慰枯肠。

【今译】

　　破开蟹壳喜爱新鲜的蟹黄,这东西拿过来还未曾品尝。一只手正应该紧拿杯酒,两只螯已然是饱经风霜。横行足以令花斑猛虎畏惧,干枯的死蟹能让虐鬼逃亡。毕竟是在沙上爬行,能成什么事,只应该大嚼慰藉枯肠。

赵嘉甫致松江蟹　　高似孙

　　雁知枫已落松江,催得书来急蟹纲 [1]。消一两螯如斫雪,强三百橘 [2] 未经霜。无诗莫学天随子 [3],有酒当呼吏部郎 [4]。不解持经 [5] 聊戒杀,省嫌无板去烧汤。

诗

【今注】

[1] 蟹纲：捕蟹网上的总绳，代指捕蟹之网。

[2] 三百橘：见王羲之《奉橘帖》："奉橘三百枚，霜未降，未可多得。"

[3] 天随子：指的是晚唐诗人陆龟蒙，号天随子。

[4] 吏部郎：指的是东晋的毕卓，曾做过吏部郎，嗜食蟹。

[5] 持经：指僧徒念诵经咒。

【今译】

　　大雁知道枫叶已经坠落在松江，催得书信来到，急忙拽动蟹纲。消受一两只斫破后肉白如雪的蟹螯，强过三百枚未曾经历风霜的橘子。没有诗思不要学天随子，有了美酒应当呼唤吏部郎。不了解持经应暂且戒杀，免遭嫌恶无板无眼且去烧汤。

李迅甫送蟹　高似孙

　　其一

　　小橘枚枚菊未黄，蟹肥全不待些霜。莫嫌草草相知少，犹是曾为吏部郎。

　　其二

　　平生嗜此龟蒙蟹，便无钱也多多买。瞥见风姿已潇潇，一呷[1]橙薖酒如瀣[2]。

郑乃珖　蟹

【今注】

[1] 呷（xiā）：小口饮。

[2] 澥（xiè）：由浓稠变稀薄。

【今译】

其一

小橘子一枚枚，菊花还未变黄。螃蟹已经肥硕，完全不等寒霜。不要嫌弃草率相知太少，尤其是曾经结识吏部郎。

其二

平生嗜好陆龟蒙的蟹，即便没钱也要多多购买。瞥见风姿已按捺不住，一饮橙汁酒就变稀。

誓蟹羹　高似孙

年年作誓蟹为羹,倦不能支略放行。但是草泥行郭索,莫愁豕腹[1]胀膨亨[2]。酒今到此都空了,诗亦随渠太瘦生。吏部[3]一生豪到底,此时得意孰为争。

【今注】

[1] 豕腹:猪肚。比喻诗文中间部分的庞杂冗长。

[2] 膨亨:膨胀凸起的样子。

[3] 吏部:指的是东晋吏部郎毕卓。

【今译】

年年发誓要做蟹羹,倦怠不能应付,便(把蟹)放行。但见它在草泥之中爬行,不要愁诗文中间如猪肚胀膨。酒如今到此都已喝空,诗意也随之清淡瘦硬。毕卓一生豪放到底,这时候的得意有谁能相争。

赵嘉父送松江蟹　高似孙

青天肯为蟹飞霜,蟹亦贪诗老更狂。枫叶已随诗共冷,菊花能为酒先忙。平生《尔雅》谁能熟,此去《玄经》[1]孰敢荒。剪取吴淞半江水,渔翁不敢叫沧浪[1]。

【今注】

[1]《玄经》:指的是扬雄的《太玄经》。

[2] 沧浪:青苍色的水。

山魈

深谷多欢澜
跛行偷采篮
断蒌喜遥篸
早知霞末遗烹灸
不若空山赋月明
心畬书

溥儒　山魈偷蟹

211

【今译】

青天肯为了螃蟹而飞霜，蟹也贪取诗意老来更狂。枫叶已经随着诗一起变冷，菊花也能为了酒先着忙。平生谁能把《尔雅》读熟，此番一去《太玄经》谁敢疏荒。剪取吴淞江的半截江水，渔翁再也不敢呼叫沧浪。

同父送松江蟹　高似孙

人间宁有几松江，蟹到强时橙也黄。非是龟蒙无此隽[1]，自从茂世[2]孰为忙。乾坤大半渔为宅，雪月从头笔做床。不读《晋书》谁了此，《晋书》曾读也苍茫[3]。

【今注】

[1] 隽（juàn）：肉味肥美，引申为意味深长。

[2] 茂世：即东晋毕卓，字茂世。

[3] 苍茫：迷茫，渺茫。

【今译】

人间岂有几个松江，螃蟹到了强壮时，橙子也变黄。除了陆龟蒙谁也没有这般隽永，自从毕卓以来还有谁为蟹奔忙。天地大半由渔人作为家宅，雪中月色从头上升起，用笔做床。不读《晋书》谁知道此事，曾经读过《晋书》也感到迷茫。

赵广德送松江蟹　　高似孙

　　江空蟹急窘于搜，满腹清凉做尽秋。茶灶笔床新意思，寝香卫戟战风流。生拚不入吴王鲙[1]，死亦相寻越女舟[2]。得一好诗无可憾，无诗也不作骚愁[3]。

【今注】

[1] 吴王鲙：鱼名。

[2] 越女舟：船名。

[3] 骚愁：像屈原《离骚》那样的哀愁。

【今译】

　　江中空荡，蟹因人搜捕而窘迫地奔走，它满肚子的清凉做尽了秋光。茶灶和笔床之间有了新意思，寝卧清香，执戟大战风流。活着不吃吴王鲙，死时也要寻找越女舟。得到一首好诗就没有遗憾，没有诗也不必强作哀愁。

赵崇晖送鱼蟹　　高似孙

　　秋驱雁至至犹稀，且馈新匋理旧衣。蟹为龟蒙何惜死，鲈非张翰且休肥。五湖已去无遗恨，三径[1]方归有昨非。更欲借渠茶灶火，萧萧叶满洞庭芦苇。

【今注】

[1] 三径：归隐者的家园或是院子里的小路。陶渊明《归去来兮辞》："三径就荒，松菊犹存。"

诗

【今译】

　　雁群被秋日驱赶来到却还很疏稀，暂且品尝新酒整理旧衣。蟹为了陆龟蒙何必怜惜一死，鲈鱼没有张翰暂且不要肥。五湖已经远去没有遗恨，小径归来才知道昨日之非。还想借用那茶灶的火，萧萧秋叶满是洞庭芦。

赵君海惠蟳　高似孙

　　早挥鲙手作云鳌[1]，雪带晴飞且拍熬[2]。安得轮困如此壮，也知郭索许多骚。翰林风月[3]从来别，太史江山[4]一味豪。今夜笔床船上去，已输吏部十分高。

【今注】

[1] 云鳌：指科考中高第者。

[2] 拍熬：或漂或止。

[3] 翰林风月：翰林指的是李白，李白曾为翰林供奉。李白《独不见》："风摧寒棕响，月入霜闺悲。"

[4] 太史江山：太史指的是黄庭坚，黄庭坚做过太史官。黄庭坚有诗："已觉酒兴生江山。"

【今译】

　　早已挥动切鲙的手作别仕途，雪带着晴日飞动且飘且止。怎能求得盘曲的蟹如此强壮，也知道郭索有许多风骚。李白的风月皆关乎离别，黄庭坚的江山一味疏豪。今夜携带笔床到船上去，要论高妙已经输给毕卓十分。

江寺丞送蟹　高似孙

苦无多雨便重阳，忆杀池头[1]煮蟹凉。政[2]用此时消几辈，菊花先作故山[3]香。

【今注】

[1] 池头：池边。

[2] 政：恰好。

[3] 故山：故乡的山。

【今译】

苦于没有多少雨便到了重阳，极为想念曾经在池边煮蟹乘凉。恰好趁此时消受几只，菊花先行化作故乡满山香。

吴中致蟹　高似孙

天雨洞庭霜，寒驱蟹力忙。全然空俗味，只是作诗香。酒已方才熟，橙犹未肯黄。让渠茶灶火，和月煮沧浪。

【今译】

上天为洞庭降下风霜，寒气驱使蟹尽力奔忙。全然不知世俗风味，只有作诗才觉馨香。美酒已刚刚醇熟，橙子还不肯变黄。就让那茶灶之间的焰火，伴着月色熬煮沧浪。

汪强仲郎中送蟹　高似孙

连日天街[1]候驾归，且呼酒对早梅飞。从来吏部高情[2]别，右手分将老蟹肥。

诗

[1] 天街：京城中的街道。

[2] 高情：崇高的情谊。

【今译】

  连日来在天街上恭候大驾回归，暂且呼来美酒面对早梅纷飞。以往有毕卓深情作别，右手分拆老蟹嫩肥。

答癯庵致糟蟹　高似孙

  秋入丹枫声怒号，吴儿得志飞轻舠[1]。纬以万竹澜寒涛，有法如兵勇于鳌[2]。彼蟹甚武殊驿骚[3]，一霜二霜如此膏。物生固忌风味高，最以风味无一逃。葬之酒乡泣醹糟，一醉竟死俱陶陶[4]。了我一身凡几醪，死生大矣惟所遭。饮中诸公人中豪，左手酒杯右手螯。醉魂浩荡不可招，为君以酒博葡萄。世间万事真牛毛，一醉一死俱蓬蒿[5]。恭惟不杀心忉忉[6]，视民如蟹鸣呼饕。

【今注】

[1] 舠（dāo）：小船。

[2] 鏊（ào）：一种铁制的烙饼的炊具。此处似应为"鏖"，鏖战之意。

[3] 驿骚：扰动，骚乱。

[4] 陶陶：和乐的样子。

[5] 蓬蒿：蓬草和蒿草，泛指草丛。

李苦禅　每遇重阳味更佳

[6] 忉忉（dāo dāo）：忧心的样子。《诗经·甫田》："无思远人，劳心忉忉。"

【今译】

　　秋风进入丹枫声势怒号，吴儿志得意满飞驰轻舠。编织万竹拦住寒冷的波涛，有方法像兵勇一样勇于鏖战。那蟹甚是英武骚乱，一遍霜、两遍霜后生出如此脂膏。万物生长本应忌讳风味太高，最因为风味而无一脱逃。葬它在酒乡之中哭它在醲糟前，一醉竟然醉死都是乐陶陶。了却我一身共计多少酒醪，生死时大事惟其所遇所遭。饮宴中的诸公都是人中的英豪，左手拿着酒杯，右手拿着蟹螯。醉死的魂魄浩荡无处可招，为您奉上酒水，博弈葡萄。世间的万事真像是牛毛，一醉一死都要身陷蓬蒿。恭敬不杀，心中满怀忧虑，将百姓看作蟹，嗟叹那些老饕。

酓蟹 [1]　　高似孙

　　西风送冷出湖田，一梦酣春落酒泉。介甲尽为香玉软，脂膏犹作紫霞坚。魂迷杨柳滩头月，身老松花 [2] 瓮里天。不是无肠贪曲糵 [3]，要将风味与人传。

【今注】

[1] 酓（qiāng）蟹：用酒灌醉的生蟹。

[2] 松花：用松花酿的酒。

[3] 曲糵（niè）：酒曲。

【今译】

　　西风将冷气送出了湖田，一梦酣睡，春已落到酒泉。盔甲都为保护香玉嫩软，脂膏还化作紫霞刚坚。魂魄迷失在杨柳滩头的月色，此身老于松花酒瓮里的一片天。不是无肠公子贪图酒曲，而是要将风味在人间流传。

图书在版编目（CIP）数据

蟹略：今注今译 / 盛文强译注. -- 杭州：浙江人民美术出版社，2021.3

ISBN 978-7-5340-8406-5

Ⅰ.①蟹… Ⅱ.①盛… Ⅲ.①蟹类—饮食—文化—中国—宋代②《蟹略》—译文③《蟹略》—注释 Ⅳ.①TS971.22

中国版本图书馆CIP数据核字(2020)第191919号

责任编辑：傅笛扬
整体设计：傅笛扬
责任校对：余雅汝
责任印制：陈柏荣

蟹略今注今译
盛文强　译注

出版发行　**浙江人民美术出版社**
（杭州市体育场路347号）

经　　销　全国各地新华书店
制　　版　浙江新华图文制作有限公司
印　　刷　浙江海虹彩色印务有限公司
版　　次　2021年3月第1版
印　　次　2021年3月第1次印刷
开　　本　787mm×1092mm　1/32
印　　张　7.375
字　　数　210千字
书　　号　ISBN 978-7-5340-8406-5
定　　价　45.00元

如发现印刷装订质量问题，影响阅读，请与出版社营销部联系调换。